碳酸盐岩定量成岩作用及其对储层非均质性的影响

[法]法迪·亨利·纳德 著

宋 叙 吴东旭 于 洲 李维岭 鲁慧丽 等译

周进高 审校

石油工业出版社

内 容 提 要

本书论述了成岩作用对碳酸盐岩储层性质的影响，并将实验室测量、基于露头尺度的精确沉积学观测、涉及盆地尺度的地震地层学及测井、岩心数据等相结合，实现针对碳酸盐岩储层的定量描述和预测，并全面概述了基于几何学建模、地质统计学建模和地球化学建模的不同成岩作用数值模拟方法。

本书可供从事碳酸盐岩研究的科研人员参考阅读。

图书在版编目（CIP）数据

碳酸盐岩定量成岩作用及其对储层非均质性的影响 /
（法）法迪·亨利·纳德（Fadi Henri Nader）著；宋叙
等译 . —北京：石油工业出版社，2024.5
书名原文：Multi-scale Quantitative Diagenesis
and Impacts on Heterogeneity of Carbonate
Reservoir Rocks
ISBN 978-7-5183-5740-6

Ⅰ . ①碳… Ⅱ . ①法… ②宋… Ⅲ . ①碳酸盐岩–成
岩作用–影响–储集层–研究 Ⅳ . ①P618.130.2

中国版本图书馆 CIP 数据核字（2022）第 208159 号

First published in English under the title
Multi−scale Quantitative Diagenesis and Impacts on Heterogeneity of Carbonate Reservoir Rocks
by Fadi Henri Nader
© Springer International Publishing AG, 2017
This edition has been translated and published under licence from Springer Nature Switzerland AG.

本书经 Springer Nature Switzerland AG 授权石油工业出版社有限公司翻译出版。版权所有，侵权必究。
北京市版权局著作权合同登记号：01-2022-6567

出版发行：石油工业出版社
　　　　　（北京安定门外安华里 2 区 1 号　　100011）
　　　　　网　址：www.petropub.com
　　　　　编辑部：（010）64523017
　　　　　图书营销中心：（010）64523633
经　　销：全国新华书店
印　　刷：北京中石油彩色印刷有限责任公司

2024 年 5 月第 1 版　2024 年 5 月第 1 次印刷
889×1194 毫米　开本：1/16　印张：8.25
字数：300 千字

定价：150.00 元
（如发现印装质量问题，我社图书营销中心负责调换）

序　一

　　储层表征技术的最新进步和数值工具的新发展，促使各学科之间需要更多的整合，从而使得沉积学专家、地球化学家和建模人员能够共同努力提出创新的工作流程，旨在对不同规模的碳酸盐岩孔隙度进行适当量化，并根据储层长期埋藏历史、区域流体流动和化学迁移的整体演化来更好地预测储层特征。

　　在过去十年左右的时间里，Fadi H. Nader 和他众多的博士及博士后探索了本书中描述的来自世界各地的真实案例，并研究了许多新的分析技术，将实验室测量、基于露头尺度的精确沉积学观测、涉及盆地尺度的地震地层学与来自地下的数据（如测井数据和岩心数据）相结合。此外，Fadi 一直在和参与开发新数值工具的其他 IFP-EN 同事进行交流，因此，他能够同时进行热、流体流动和成岩耦合的综合地质建模，从而实现全面的定量和预测方法。

　　基于以上工作成果，才有这本关于碳酸盐岩储层特征和预测的非常全面且具有教育意义的书。

　　感谢并祝贺 Fadi 在本书中分享他广泛的专业知识，以造福于广大的相关研究领域的读者，本书适用于地球科学领域的学生及相关行业的学者阅读参考。

François Roure

Rueil-Malmaison，法国

2016 年 2 月

序 二

　　该书作者 Fadi Henri Nader 博士在 HDR 论文的基础上，论述了不同规模储层岩石，特别是碳酸盐岩成岩研究的步骤。为了实现这一目的，作者凭借了广泛的专业知识，例如他的研究、他在法国石油与新能源研究院（IFP-EN）担任研究员所获得的经验、在筹备第一轮黎巴嫩海上许可时作为斡旋人及黎巴嫩能源水利部地质顾问，以及作为促成者在黎凡特（Levant）盆地和塞浦路斯（Cyprus）近海所开展的大量科学研究。

　　与许多关于成岩作用对储层性质影响的书籍（如前所述，侧重于碳酸盐岩系统）不同，作者不仅论述了经典的和将来会用到的揭示共生作用的技术（第 1 章包括岩石学、地球化学、矿物学，以及流体显微测温技术），也涉及如何量化这些采集的数据，并将其整合到定量成岩作用中（第 2 章），以及如何对其规模进行扩展。第 3 章谈到了在不同尺度上使用的几种技术，这使得本书非常有意义，因为研究扩大尺度是石油和天然气勘探开发进展中的一个关键问题。这里特别令人感兴趣的是计算机层析成像，它将地质学中的经典岩相学方法与油藏工程师的三维方法联系起来。最后，本书将前述内容如何与地球物理学（地震和电缆测井）相联系进行了全面介绍。特别令人感兴趣的是作者所提出的策略，它包括了以提高某些观测为基础，综合遥感、摄影测量技术以及综合数据分析工具。他明确要求用定量方法进行成岩研究，以弥合储层地质学家和储层工程师之间的鸿沟。第 4 章全面概述了基于几何学建模、地质统计学建模和地球化学建模的不同成岩作用数值模拟方法，这些方法都源自他在 IFP-EN 获得的广泛专业知识。第 5 章展望了成岩作用数值模拟的一些进展，这些进展可能会在读者阅读这些章节时得到进一步发展。

　　作者对黎巴嫩、西班牙北部、阿拉伯联合酋长国等地的热液白云石进行的一些案例研究很好地说明了这一工作，但也提到了其他研究所在同行评议的国际期刊上发表的一些关键研究。作者还对 IFP-EN 近年来开发的沉积学、构造地质和反应输运模型软件包做了一个很好的概述。

　　在最后一章中，作者对需要开发的工作流进行了大量的阐述，不仅涉及特征描述和量化技术，还涉及旨在开发集成建模工作流的建模技术。通过本书，作者分享了自己的经验，并就如何在深入研究定量成岩作用、储层和反应输运模型以及开发储层研究中的向上或向下扩展尺度研究方法的基础上，实现油气勘探和开发的进步提出自己的观点。

Rudy Swennen
Heverlee，比利时
2016 年 3 月

前　言

全球对"成岩作用"感兴趣的时间起点——特别是碳酸盐岩的成岩作用研究可以追溯到 1975 年，Bathurst 发表了名为《碳酸盐沉积物及其成岩作用》的著作，其中包含了一句经典的名言："碳酸盐岩既是原生沉积岩，又是成岩作用的产物"。沉积岩沉积后由于各种成岩作用而发生的改变是重塑其矿物学和岩石物理性质的关键。早期，石油工业需要一些流程和方法来预测储层岩石的非均质性。此后，大量的研究工作则致力于成岩过程、成岩环境和成岩产物。成岩作用与岩石—流体相互作用密切相关，因此吸引了众多学科的研究人员。已发表的许多关于成岩作用的著作以及在整合与成岩作用有关的研究当中所遇到的重重困难充分证明了这一点。

沉积学家广泛地描述了地球上包括地表出露岩石和钻井岩心的成岩作用（成岩阶段）。其目的是将成岩过程和成岩作用产物相联系，并能够提出至少可以约束岩石几何/尺寸的概念模型，或者蚀变岩石的流体流动历史。另外，20 世纪 70 年代，Choquette 和 Pray（1970）发表了题为《沉积碳酸盐岩的地质命名和孔隙分类》的论文——旨在了解成岩作用对碳酸盐岩孔隙度和渗透率的影响。

迄今为止，经典的成岩作用研究利用了各种各样的描述方法和分析技术，并将它们整合到多种概念模型里，这些概念模型解释了特定的相对时间框架内的成岩过程，并推断了它们对碳酸盐岩储层的影响（Nader 等，2004；Nader 等，2008）。目前使用的技术结合了岩相（常规薄片、阴极发光、荧光、装备能谱仪的扫描电镜——SEM/EDS 和三维计算机断层扫描），地球化学（主/微量元素、稳定碳氧同位素、锶同位素、镁同位素）和流体包裹体分析（显微测温、拉曼光谱、压碎浸出分析、激光消融），以便支持或反驳既有的理论模型。最近，盆地模拟（Fontana 等，2014；Peyravi 等，2014）被用于反映埋藏史的演化（包括温度、压力的边界数据）和已有的矿物共生关系（即成岩阶段按时间顺序排列）。不过，这些概念模型缺乏精确的年代框架（或对所描述的过程缺乏时间约束）。这些模型通常都是定性的，而不是可以直接用于油藏工程师建立岩石类型及地质模拟的定量数据（Nader 等，2013）。新的分析技术（如 U-Pb 定年）和数值模拟成了更好的工具来实现对时间的约束及定量成岩作用的研究。建立操作流程目的是预测相关成岩作用对储层物性的影响，而最终的流程则包含三个阶段（Nader 等，2013）：（1）建立成岩作用概念模型；（2）量化相关成岩阶段；（3）成岩过程的模拟（图 1）。

虽然大多数成岩作用的概念适用于盆地范围，成岩相（此类过程的产物）描述及其与沉积岩整体的岩石物理特征的关联仍属于储层（甚至露头/岩心）尺度。因此，"扩展尺度"成为沉积学和油藏工程师在未来几十年面临的另一个重大挑战。近年来，人们进行了大量的工作来提出能够确定碳酸盐岩储层的表征单元体（REV）方法。表征单元体方法用于表征不同尺度下的整体岩石类型（储层和盆地尺度）。

2000—2003 年，笔者博士项目中［比利时勒芬（Leuven）］研究碳酸盐岩成岩作用的重要过程之一"白云石化"问题（Nader，2003）。世界上已知的碳酸盐岩储层中，约有 50% 为白云岩。根据在该研究领域的经验，笔者调查了黎巴嫩境内（新特提斯洋南缘侏罗系碳酸盐岩台地的一部分）的侏罗系白云岩，并将其归类为流体作用及水岩反应的概念模型（成岩早期的流体回流及与高温裂缝相关的流体作用）（Nader 等，2004）。2003—2007 年，笔者被任命为美国贝鲁特大学（黎巴嫩）助理教授，在那里进一步研究了黎巴嫩侏罗系热液白云石化和白垩系萨布哈白云岩（Nader 等，2006，2007）。笔者同时也指导了关于碳酸盐岩的成岩作用（Doummar，2005）、基于烃源岩岩石学和地球化学的油气评估（Al Haddad，2007）以及 Bellos 砂岩成岩作用等项目。

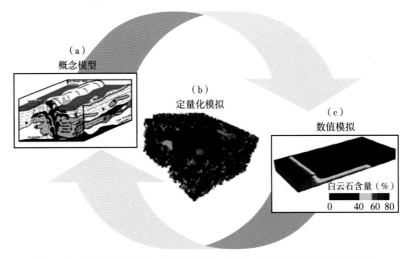

图 1　从成岩作用的概念到数值模拟，量化成岩作用阶段仍然很重要

（a）成岩作用的概念研究，例如热液作用或高温白云石化（HTD；据 Nader 等，2004，2007）；（b）量化模型，例如
微型 CT（micro-CT）图像分析；（c）成岩过程的数值模拟，如白云石化的反应过程模拟（据 Consonni 等，2010）

　　2007 年，笔者加入了法国石油与新能源研究院（Institut Français du Pétrole—Energies nouvelles，简称 IFP-EN，当时研究院名为 Institut Français du Pétrole），那是笔者第一次参与"油藏特征"工作与提高采收率联合工业项目。笔者大部分的工作集中在当时人们关注的成岩阶段特征及其与储层性质的关系。这涉及一些世界知名的热液白云岩露头［如 Ranero，西班牙；亚平宁（Apennines）群岛，意大利；Shah 等，2010，2012；Swennen 等，2012］，同时还有油田（如伊朗的 Gashsaran 油田）或露头的研究。除了对储层特征进行研究以外，笔者还参与改进岩相学和流体包裹体分析方法，以及 X 射线衍射定量方法和白云石/方解石样品的原子吸收光谱法。这是 IFP-EN 碳酸盐岩定量成岩作用工作流程的开始（Turpinet 等，2012）。

　　在 IFP-EN 的第一年，笔者开始应用数值模拟来研究白云石化。我们试图使用 ArXim-Coores™软件（带有地球化学和反应输运模型软件包）模拟热液白云石化作用。通过 Fraca™ 和 GOCAD 软件包实现对 Ranero 热液断层伴生白云岩进行地质统计学建模。

　　2009 年，我们开始了更大尺度的成岩作用研究，并涉及盆地尺度过程。亚平宁侏罗系台地流体包裹体分析和白垩系 Mannville 致密砂岩的岩石学及矿物学研究对成岩过程的调查提供了更大的框架（Deschamps 等，2012）。同时，笔者开始了自己的第二个博士项目，即对阿拉伯联合酋长国二叠系—三叠系Khuff 碳酸盐岩进行盆地尺度的成岩作用研究（Fontana 等，2010，2014）。笔者还参与了 CAPSARK 项目（BRGM、IFP-EN、GeoGreen），这是一个为沙特阿拉伯境内提供二氧化碳封存点的研究项目。这个项目使笔者能够在沙特阿拉伯的范围内进行全面的地层和地质结构调查。

　　2010 年，笔者研究的项目又增加了两个关于成岩作用的研究方面。第一个方面是利用具备微型 CT 和 MATLAB™工具的二维、三维图像分析来拓展定量化成岩过程研究技术。我们能够从高分辨率薄片及三维岩石扫描中对样品的成岩过程进行定量化。笔者参与构思的 Eva de Boever 的博士后项目将微型 CT 方法与孔隙—网络模型联系起来，从而能够建立碳酸盐岩的溶解模型或者基于三维扫描图像的硬石膏沉淀模型（de Boever 等，2012）。第二个方面是基于更大储层尺度的量化技术。对于该技术，我们得益于与阿布扎比石油研究所的合作，我们共同分析一个遍及油田范围的岩相和岩石物理数据库（Morad 等，2012），绘制了成岩相（如白云石、硬石膏）的比例分布图以及胶结物的相对丰度图（如共生方解石的过度生长）（Nader 等，2013）。这些图件是必不可少的，并且先于地质统计学建模（使用 CobraFlow™），后者有助于描述基于油田尺度下定量成岩作用的储层非均质性［Morad（2012）

的硕士学位论文]。因此，笔者建立了一个工作流程，通过量化工具（如二维/三维图像分析）来实现对工业岩石学和岩石物理数据的质量控制，在使用 CobraFlow™ 进行地质统计学建模之前，由 EasyTrace™ 软件完成数据集的统计分析。

2011 年和 2012 年，笔者在黎巴嫩能源水利部担任地质顾问，当时笔者正在为黎巴嫩的第一轮海上开采许可做准备。笔者发现盆地范围内的反射地震数据（二维和三维），它们不仅对油气勘探评估很重要，而且对地层和结构研究也很重要。当时，石油地质服务公司（Petroleum Geo-Services, PGS）和 Spectrum Geo 有限公司正忙于获取覆盖整个黎巴嫩近海专属经济区（EEZ；面积超过 19000km^2）的二维和三维地震测量数据。笔者了解到这些调查在含气的黎凡特盆地提供了丰富的数据（Nader，2011，2014a）。基于这些地震数据和黎巴嫩海岸的实地工作，笔者已经承担了三个博士项目，并对这些项目进行了整合，包括黎凡特盆地的地层（Hawie 等，2013）、构造（Ghalayini 等，2014）和石油（Bou Daher 等，2014）方面。在与众多欧洲学术和工业伙伴建立了黎凡特盆地尺度框架之后，笔者期待着一旦能够获得探井数据，就能最终解决油藏尺度的研究问题。

当笔者返回 IFP-EN 时（2012 年底），开始致力于将研究网络扩展到东地中海地区（包括塞浦路斯近海的新的博士项目；N. Papadimitriou 和 V. Symeou 的博士项目，2014—2017 年）。对黎巴嫩海岸和黎凡特盆地的第一个地震剖面分别进行了更多的二维和三维地震解释。成岩作用的数值模拟也花费了笔者相当多的精力，包括储层规模的地质统计模型和白云石化的地球化学反应输运模型。我们用 ArXim 开发了水岩地球化学模拟的简单模拟实例。例如，地球化学模型可以提供碳酸盐岩台地生长过程中淡水晶状体孔隙破坏或增强的简单估算。这样的模块最终可以插入正演地层建模工具（例如 DionisosFlow™）中，并有助于预测碳酸盐岩台地生长过程中成岩作用的影响。地球化学 RTM 的最终目标是建立成岩过程及其对储层物性影响的预测模型。它们应该被用作质疑某些情况和推断特定参数敏感性的工具。

今天，我们有一个可操作的工作流程，可在研究地表出露的岩石和岩心的基础上提出成岩过程的概念模型。我们能够在不同尺度下使用各种技术对碳酸盐岩中的成岩产物进行定量。另外，我们可以使用不同的软件包进行数值建模。通过承担和监督柱塞、油藏和盆地规模的研究项目，笔者全面参与了这一工作流程。

在更全球化的层面上，在笔者看来，随着不同规模的工作流程的整合，前进的道路似乎是显而易见的。笔者希望通过规划从盆地尺度（使用地震数据、露头模拟物、岩心等）到油藏尺度，最终到柱塞尺度的研究项目来改进这种工作流程的整合。这种整合将给边界数据带来更多约束，更好地验证模型，并减少不确定性。

本书是基于 2015 年 3 月 19 日笔者为在皮埃尔和玛丽·居里大学（简称 UPMC，法国巴黎索邦大学）获得指导博士论文资格（Habilitation diploma, HDR）所写的论文，以及大约 12 年的研究工作（主要是关于碳酸盐岩）。本书共分五章。首先，第 1 章概述了成岩作用的一般性主题（即表征、定量成岩作用和数值模拟）。第 2 章至第 4 章分别适当地强调了这三个主题中每一个主题的最新技术现状和未来前景。此外，每章末尾讨论了未来的发展趋势。第 5 章介绍了主要结论和一般观点，分为五个部分（即表征技术、定量方法、建模工作流程、建模工作流程的集成和未来发展的方向）。笔者相信，更大的盆地尺度对碳酸盐岩成岩研究具有重要意义，因为它为流体运移提供了更广阔的框架，并可以帮助设定储层尺度研究的边界条件。这项研究旨在强调成岩作用的多层面性，并为未来的研究项目（包括技术、工作流程和工具）提供思路。

Fadi Henri Nader

Rueil-Malmaison，法国巴黎

目　　录

1 概　　述

成岩作用是指沉积后改变碳酸盐岩的任何物理、化学和生物过程（直至达到变质条件）。当岩石及其内部流体的环境条件发生变化时，或者在外部流体迁移到岩体中时，可能会发生溶解、沉淀和矿物学变化等过程。数百项研究已经对这些成岩过程进行了描述，涵盖整个沉积岩记录，以及地球上的几乎任何地方。

1.1　成岩域

为了更好地描述碳酸盐岩中的成岩作用，提出了"成岩域"的概念（Longman，1980；Moore，2001）。成岩域定义为可以通过特定的物理、化学和时空条件描述的独特环境，其中暴露的环境过程占主导地位。

岩石学家利用成岩域能够识别甚至预测特定环境中一些相似的成岩作用模式。然而，在盆地历史中，最初受一个成岩域作用的岩石随后也可能受不同成岩域的影响。因此，碳酸盐岩的成岩演化可能是渐进的或突变的，甚至是周期性的（Parker 和 Sellwood，1994）。

碳酸盐岩的主要成岩域包括海水域、大气水域和埋藏域（图 1.1），每种都与主要的流体类型有关。海水域包括停滞区和活动区，二者均与海水有关。停滞区代表的是没有大量水循环的区域，并

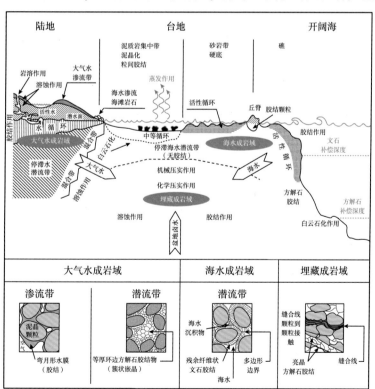

图 1.1　碳酸盐岩台地中主要碳酸盐岩的成岩作用域、相关过程和最终产物的示意图
（据 Longman，1980；Parker 和 Sellwood，1994；Moore，2001）

具有少量胶结作用（相当于泥晶化作用），而活动区具有普遍的胶结作用，例如等厚的纤维状文石，主要形成于大量的水循环和随后海水溶解物质的补充。大气水（淡水）域分为渗流带（上部）和潜流带（下部）。渗流带包含一个碳酸盐溶解区，由不饱和的大气水产生溶解作用（例如形成孔洞、岩溶）及一个沉淀区，区域内可能发生新月形、钟乳石形和洞穴胶结。潜流带的特征是具有三个不同的区域（即溶解区、沉淀区、停滞区），其分布主要取决于含水层的地下水位。铸模孔和孔洞是溶解区中饱和水（或较高的 CO_2 含量）强烈溶解的结果，而停滞区一般没有胶结现象（原因是没有水的循环和补给）。这与沉淀区内活跃的水循环和快速胶结形成了鲜明的对比，通常会导致大规模的孔隙破坏。等量方解石胶结（完全替代文石并堵塞孔隙）是沉淀区的特征。如果埋藏条件在潜流带内占主导地位，则胶结物可能会出现特有的簇状嵌晶、同轴生长边和嵌晶胶结等特殊结构。请注意，在海水环境中也会形成簇状嵌晶和同轴生长边。埋藏（地下）域的主要特征则取决于压实和压溶作用。亮晶方解石胶结物（粒度相对粗大）是埋藏成岩作用的特征产物（图 1.2a）。矿物的交代（例如白云石化、硅化）以及早期的化学反应（例如伊利石/蒙皂石）经常发生在埋藏范围内（图 1.2b）。

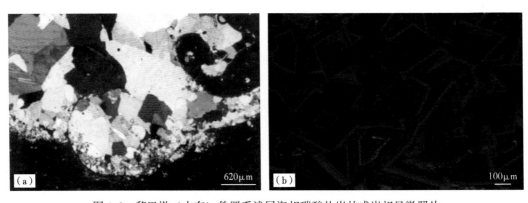

图 1.2 黎巴嫩（中东）侏罗系浅层海相碳酸盐岩的成岩相显微照片

（a）埋藏成岩作用典型的镶嵌式亮晶方解石胶结，单偏光；（b）热液成因的交代粗晶平面半自形白云石，阴极发光

其他成岩域包括与海洋有关的特殊环境（例如海洋渗流、萨布哈；McKenzie，1981）和混合区（Ward 和 Halley，1985；Humphrey，1988）。萨布哈是低洼的盐碱地，有时邻近季节性或瞬时的盐水水体，例如阿拉伯/波斯湾、苏伊士湾和红海、澳大利亚、北非、墨西哥（Reading，1996）。与断层有关的区域也可以被认为是一种特殊类型的局部成岩作用域，区域内发生流体流动以及流体的混合。热液白云石化（HTD）过程（Davies 和 Smith，2006）具有独特的成因条件，可以作为成岩环境中的独立体系进行考虑。

在过去的 10 年中，与微生物相关的成岩作用吸引了许多科学家的注意力（Riding 和 Awramik，2000）。微生物（细菌、小藻类、真菌和原生动物）可能产生会改变/溶解先存的矿物质的酸，或形成有利于（诱导和增强）矿物质沉淀的化学环境。换句话说，这些丰富的生物体能够产生、改变和保持沉积物（Freytet 和 Verrecchia，2002；Foubert 和 Henriet，2009）。因此，与成岩作用早期阶段相关的微生物作用（在沉积过程中或沉积之后）可能会产生大量的沉积构造和岩体，成为油气勘探的目标（图 1.3；Immenhauser 等，2005）。

成岩作用也根据其时间特征进行分组（图 1.4）。早成岩是指沉积物沉积之后和埋藏之前发生的成岩作用。然而，沉积岩大部分时间都处于埋藏条件，称为中成岩。最后，当岩石隆起并暴露于地表时，通常会使用晚成岩来描述。由于时间因素仍然是相对因素，因此在使用该类术语时必须谨慎。例如，与裂缝相关的热液白云石化事件会影响一般的早期或晚期成岩环境。此外，在所有阶段中都可能发生相似的成岩作用，例如胶结作用、溶解作用、矿物交代作用。由于这种分类方法不需要考虑每种环境的固有流体，相关的过程/阶段仍然不受约束。

图1.3　2007年在与巴西国家石油公司进行实地考察期间，阿曼 Wadi Baw 的
下白垩统 Qishn 组微生物岩体野外图片（据 Freytet 和 Verrecchia，2002）
照片代表模拟的现代碳酸盐岩建造

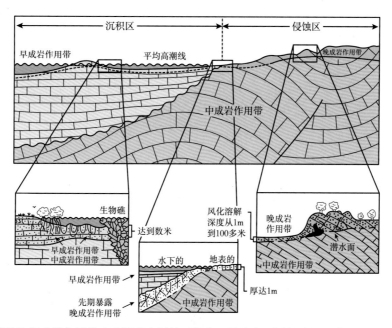

图1.4　碳酸盐岩成岩作用发生在沉积和侵蚀环境中，并具有不同的时空区带——早成岩作用带、
中成岩作用带和晚成岩作用带（据 Choquette 和 Pray，1970，修改）

　　成岩域和成岩作用带的概念同样适用于硅质碎屑岩（砂岩和页岩）以及蒸发岩，不应局限于碳酸盐岩。

1.2 孔隙度和成岩作用

Choquette 和 Pray（1970）以及 Lucia（1995）建立了目前成岩作用理论的主要基础，从而激发了碳酸盐岩成岩作用中孔隙演化的研究兴趣。碳酸盐岩中孔隙的基本类型首先按组构和非组构选择性进行分类（Choquette 和 Pray，1970）。主要的组构选择性孔隙类型包括粒间孔、粒内孔、窗格孔、遮蔽孔和格架孔。铸模孔和晶间孔被认为具有次生（沉积后）组构选择性。非组构选择性孔隙类型都是次生的，包括裂缝、溶缝、溶孔（和溶洞）。此外，通过主要成岩过程（胶结/充填与溶蚀）及其大小/范围，建立了一种孔隙发育和演化的模式（图 1.5）。Lucia（1995）和 Lønøy（2006）进一步研究，尝试将晶粒类型（和尺寸）与孔隙类型联系起来。他们利用孔隙度与渗透率的关系，旨在更好地理解碳酸盐岩的渗透率（试图更好地进行岩石分型）。

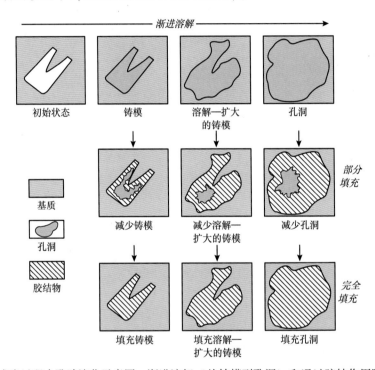

图 1.5 成岩过程中孔隙演化示意图：渐进溶解（从铸模到孔洞）和通过胶结作用降低孔隙度
（据 Choquette 和 Pray，1970，修改）

几十年前，孔隙度主要是由岩相学家通过对薄片（仅代表三维孔隙空间的二维视域）进行显微观察来研究的。岩石物理学家测量一块岩石的流动特性（例如 MICP、空气渗透率），需要考虑宏观孔隙的三维尺度。此外，电缆测井、岩石声波和地震数据通常用于现代油藏描述和岩石分型。分析测量的这种不匹配（二维与三维）给碳酸盐岩流动特性（孔隙度和渗透率）的精确定量描述带来了较大挑战。岩相学家、岩石物理学家和油藏工程师之间进行综合研究与交流时，常常会遇到困难。

如今，随着 X 射线计算机断层扫描技术的发展和新一代扫描电子显微镜的出现，连接岩石物理学与岩石学之间的桥梁已建好。孔隙空间可通过三维扫描和微扫描进行研究，并最终与沉积岩的三维流动特性相关（图 1.6）。该方法是微观的，需要提高到储层的规模。为此，主要步骤仍然是正确地约束表征单元体（REV）。孔隙网络建模（PNM）也可用于分析碳酸盐岩中的孔隙结构演化。最近，反应性 PNM 和微米 CT 技术已用于研究受成岩作用影响的流动特性的演变，例如溶解/沉淀(图1.7；Algive等，2012；De Boever等，2012)，也可以通过三维孔隙空间模型进行数值模拟。

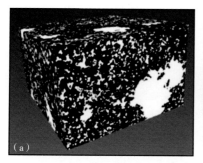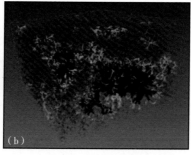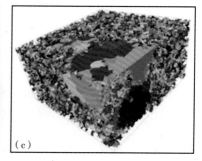

图1.6　基于微型CT和图像分析的三维孔隙网络构建（据de Boever等，2012）

（a）图像二值化，显示了孔隙度和孔隙（晶间/孔洞）类型（白色表示）；（b）孔隙骨架（到孔隙边界的最小距离；蓝色到红色表示到孔隙边界的最小距离增加）；（c）划分出的孔隙空间代表双重孔隙（不同孔隙用不同颜色区分）

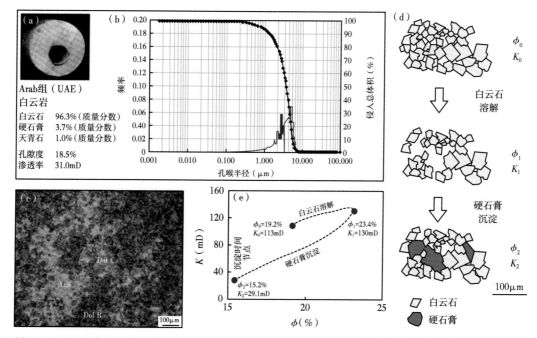

图1.7　用于约束白云岩溶解和储层岩石硬石膏胶结过程中流动特性（孔隙度和渗透率）的综合技术

（据de Boever等，2012）

（a）样品柱塞图像（直径23mm），定量XRD数据，经典的孔隙度和渗透率测量方法；（b）通过MICP测量孔径分布；

（c）透射光显微图像（二维截面），白云石（Dol；C＝胶结物；R＝交代）结构和硬石膏（Anh）；

（d）和（e）为岩石组构示意图，为溶解/沉淀导致的孔隙度/渗透率演变的结果

1.3　定量成岩作用

成岩作用是影响油气藏（含水层）孔隙度/渗透率分布的主要因素之一。由于很少对其进行定量描述，现今的数值模拟技术已很少使用成岩作用。准确评估沉积岩尤其是高活性碳酸盐岩的成岩敏感性（Wilson，1975），对储层地质学家而言是至关重要的任务。定量成岩作用（Parker和Sellwood，1994）是一种描述从微观尺度到盆地尺度的量化过程和响应（例如地球化学质量平衡、热演化）的

方法。量化成岩相（表示过程）已相当广泛，通常应用于不同的规模尺度上（图1.8）。

图1.8　台内碳酸盐岩中热液白云岩（深棕色）展布的照片（西班牙北部 Ranero）

露头尺度下的白云岩体积可以通过地理坐标参考（航空）的照片与数字高程模型相结合来量化（Shah 等，2012）。基于地表的高光谱成像技术结合激光雷达扫描也用于揭示 Ranero Pozalagua 采石场（西班牙 Cantabria；Kurz 等，2012）几乎垂直的面（50m×15m）上明显的成岩作用以及岩相。对成岩地质体和非均质碳酸盐岩储层的量化也可以在地震尺度上进行（Sagan 和 Hart，2006），这使定量成岩作用集成到地震解释中成为可能。这一步是非常有益的，因为它为未知的地下油藏提供了储层模拟。

在样品尺度上，白云石/方解石相对丰度可以用 X 射线衍射仪（XRD）和岩相学技术测量。此外，三维高分辨率扫描可以测量主要矿物相的三维体积（例如微米 CT 技术；图1.9）。结合图像分析和建模，三维定量评价可应用于多个成岩相，并可通过推断的共生作用来说明孔隙的演化。定量

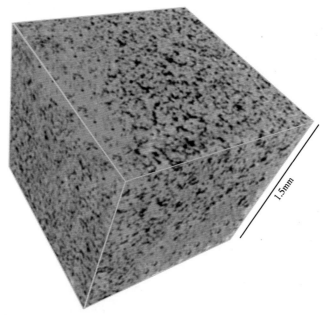

图1.9　典型侏罗系 Arab 组 C 段白云岩样品的三维立方体（中东地区）
微米 CT 扫描，分辨率为 1.5μm，白云石为灰色，硬石膏为白色，孔隙空间为黑色

方法还包括地球化学和同位素分析以及对流体包裹体进行测量。所有这些技术都会产生以某种方式表示频率（例如化合物或矿物相的体积）或物理化学条件（例如温度、压力）的定量数据。技术进步可以获得更高的分辨率和测量精度（Mees 等，2003；de Boever 等，2012）。这些可以促进定量成岩作用研究。然而，一项新的且难度不断增加的挑战则与缩放定量数据有关，并将它们关联在一起。迎接该挑战的第一步是对非均质碳酸盐岩的表征单元体（REV）进行定义（图 1.10；Nordahl 和 Ringrose，2008）。

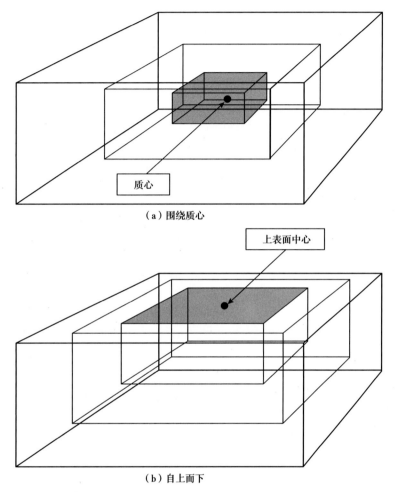

（a）围绕质心

（b）自上而下

图 1.10　用于确定表征单元体的子采样方案图示

对于围绕质心或从数据集上表面向下增加的体积，进行特定参数（例如宏观孔隙度）的计算

1.4　成岩作用的数值模拟

多年来，数值模拟一直是预测和进一步解释成岩过程的有用方法（Boudreau，1997）。例如，正演模拟的目的是提供关于特定储层中由于特定成岩过程而导致的孔隙度/渗透率非均质演化的大量信息。然而，这些模型应该被视为能够回答某些问题和评估敏感性问题的数值工具，而不是模仿自然过程。

成岩过程的数值模拟可以集中在各种时空尺度上，应用不同的技术。使用盆地模拟来确认或驳斥某些概念性成岩模型，例如，如果围岩和流体温度没有很大差异，则可以排除所假设的热液白云石化作用。该技术也可以在盆地尺度的流体流动和热演化方面提供有价值的见解。因此，数值模型有助于推断某一相更有可能发生沉淀还是溶解。可以在储层尺度上建立数值模型，旨在预测成岩相的非均质性分布，如白云石前缘和CO_2溶蚀。此外，还可以在微尺度上实现胶结物沉淀和封堵储层孔隙空间的数值模拟与实验分析。

目前，模拟成岩作用主要采用三种不同的方法：（1）几何学；（2）地质统计学；（3）地球化学。一旦证实某一成岩过程在形成储层岩石的非均质性方面起了主要作用，就能很好地理解由此产生的影响，还可以安全地进行数值模拟。基于几何的建模有助于解释几何非均质性分布。岩溶作用和与裂缝相关的成岩作用适合用该方法。例如，假设某些优势溶解方向/平面与岩溶通道的形成相关，数值模型可构建相应几何形状的通道（例如，用 GoKarst/GOCAD 软件包构建的模型）。与裂缝相关的白云石化研究也得益于这种类型的模拟，其中某些裂缝可能代表白云石存在或其溶解的位置（图1.11）。

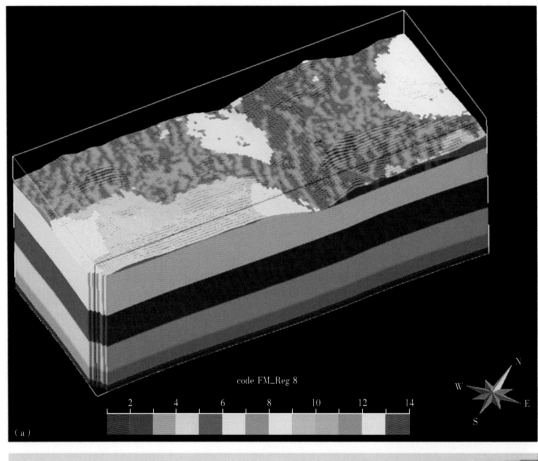

图1.11 与裂缝相关的热液白云岩（西班牙北部 Ranero）基于几何的建模

（a）三维模型（6000m×2000m），其中石灰岩相中白云岩（棕色）的分布与西北向裂缝/断层有关；

（b）模型的北东—南西向剖面（图 a 模型的对角线）显示白云岩和原始石灰岩围岩的分布

地质统计学方法通常用于油藏建模，并需要利用大量的数据。一般来说，建模精度与输入数据量有关（例如岩心描述、电缆测井、岩相分析、MICP、渗透率）。

在任何情况下，地质统计学建模的目的都是用已知的精确数据填充（通过智能外推，例如高斯、多点）控制点之间的空间。因此，最终的模拟由最可能的相/相填充的单元组成。

地质统计学建模不是一种预测方法，而是一种基于概率的外推工作流。在流动模拟之前，有助于说明基于概率的储层非均质性（图 1.12）。

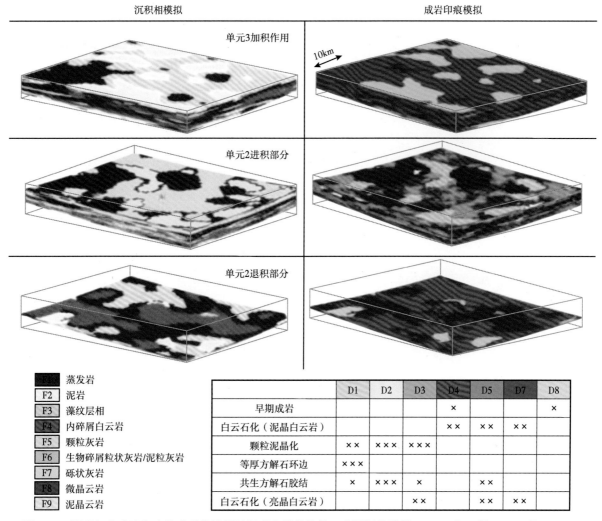

	D1	D2	D3	D4	D5	D7	D8
早期成岩				×			×
白云石化（泥晶白云岩）				× ×	× ×	× ×	
颗粒泥晶化	× ×	× × ×	× × ×				
等厚方解石环边	× × ×						
共生方解石胶结	×	× × ×	×		× ×		
白云石化（亮晶白云岩）			× ×		× ×	× ×	

图例：
F1 蒸发岩
F2 泥岩
F3 藻纹层相
F4 内碎屑白云岩
F5 颗粒灰岩
F6 生物碎屑粒状灰岩/泥粒灰岩
F7 砾状灰岩
F8 微晶云岩
F9 泥晶云岩

图 1.12 沉积相和成岩印痕的地质统计学随机联合模拟结果（美国怀俄明州 Madison 组；据 Barbier 等，2012）

地球化学建模利用热力学与动力学法则和数据库来模拟化学反应和流体—岩石相互作用，可以通过零维模型（例如 ArXim、PHREEQ-C）来完成，从而测试和分析某一化学过程。因此，该方法是基于过程的，还可以随时间改变参数（例如热/通量变化），同时保持相同的维度配置。结果通常分为两组，一组与流体有关，另一组与矿物相有关。它们可以用来支持或反驳流体—岩石相互作用的假设结果，并澄清开放系统成岩作用与封闭系统成岩作用的不同假设，甚至讨论开放程度随时间和特定化合物类型（例如 Ca、Mg、CO_2、SO_4、H_2S）的函数。

将地球化学模拟与运移反应性耦合，可以模拟流体流动和相关过程。地球化学 RTM 具有吸引力，因为它们提供了成岩过程和成岩相的正向模拟（图 1.13）。然而，它们需要得到验证，因为大多数过程都是在不同的时间和物理化学条件下发生的。这在今天仍然是地球化学方法模拟成岩作用的薄弱环节。

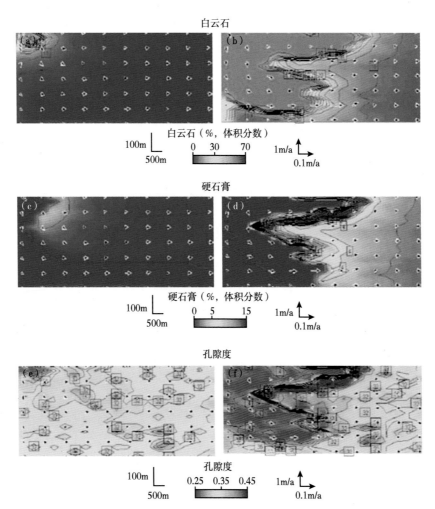

图 1.13　回流白云石化的反应运移模拟结果

结果显示了白云石、硬石膏和孔隙度在白云岩前缘形成时的演化（据 Jones 和 Xiao，2005）；（a）、（b）模拟了注入白云石化流体后白云岩前缘从 0.2Ma 到 2.0Ma 的扩展；（c）、（d）为硬石膏沉淀在增生白云岩的前缘，大大降低了岩石孔隙度；（e）、（f）为从 0.2Ma 到 2.0Ma 相关的孔隙度演化，显示白云岩内孔隙度增加

1.5　目标

第 1 章和第 2 章介绍了描述成岩过程和提供概念模型的实际技术现状。第 3 章将讨论在不同尺度上定量评估成岩过程及其对沉积岩孔隙度影响的各种工具和方法。成岩作用的数值模拟将在第 4 章中进一步讨论。本书最后提出了综合盆地和储层建模的工作流程，旨在进一步评估多尺度成岩作用对碳酸盐岩储层岩石非均质性的影响。

本书的重点将放在不同类型建模方法的作用及其挑战上，介绍了迄今为止已深入研究的成岩作用，并强调了在更广泛的尺度上更好地预测定量成岩作用的挑战。碳酸盐岩和硅质碎屑岩的非均质性储层特性需要充分认识，以实现对地下领域的可持续利用（例如提高石油采收率、地热能、CO_2/气体/水储存）。为了在不久的将来实现这些目标，将对一些新技术和数值工具进行调整。

2 成岩作用特征

几个相互关联因素的综合作用导致沉积岩中复杂的非均质性，包括沉积环境、成岩过程以及盆地的构造和埋藏/热演化（Canrell 等，2001；Roure 等，2005；Ehrenberg 等，2007；Rahimpour-Bonab 等，2010）。非均质性往往与碳酸盐岩储集岩相关联，对优化烃类开采（Ahr，2008）、天然气地下储存（例如碳捕获和储存 CCS）、淡水和地热能应用带来了重大挑战。为了正确地表征这种非均质性，成岩相（产物）的研究必须与经典沉积学研究和盆地分析（例如埋藏史）相结合。

在特定条件下由某些过程产生的成岩相被精确刻画，然后归属到碳酸盐岩成岩域。因此，可以对这些相的范围及其对围岩在不同尺度上的影响进行预测性推断。成岩相类型繁多，包括：（1）矿物相，如胶结物；（2）流体相，如捕获的流体包裹体；（3）转化物质，如溶解物质；（4）溶解产生的孔隙空间。通常使用各种工具对成岩相进行研究，尤其是某种特定类型，使得目前用于成岩相的表征工作流程处于先进水平。

2.1 最新技术

经典的碳酸盐岩成岩作用研究利用了各种分析技术，旨在描述和解释特定的、相对时间框架的成岩过程（Nader 等，2004；Gasparrini 等，2006；Fontana 等，2010；Ronchi 等，2011；Swennen 等，2012）。目前使用的技术结合了岩相学（常规、阴极发光、荧光、扫描电子显微镜 SEM 和能量色散谱仪 EDS、三维 X 射线显微计算机断层扫描、微米 CT）、地球化学（主量/微量元素、稳定氧碳同位素、锶同位素、镁同位素、团簇同位素）和流体包裹体分析（微量测温、拉曼光谱、破碎浸出分析），提供了最先进的表征工具和独立的论据来支持或反驳任何提出的概念模型。

成岩作用研究通常遵循沉积岩的经典沉积学描述。为了描述成岩相，使用了各种技术。描述大部分是定性的，是对岩石结构、主要沉积和成岩特征以及胶结物（基质和裂缝/脉）的描述。另外还研究了矿物交代（如白云石化）和孔隙度。成岩研究应得出以下结果：（1）识别和定义各种成岩阶段；（2）按时间顺序组织成岩阶段，即构建共生序列（通常基于交叉关系和相对年代）；（3）推断成岩过程和随后阶段的原始流体的性质；（4）重建在各自成岩过程中占优势的物理化学条件。这些结果对于开发解释流体—岩石相互作用的演化和成岩过程序列的概念模型是固有的，另外也与埋藏模型有关，以限制成岩作用的时空背景（Lopez-Horgue 等，2010；Fontana 等，2014；Peyravi 等，2014）。

在描述碳酸盐岩中的成岩阶段时，通常使用几种技术，这里介绍几种经典技术。

2.1.1 野外工作

无论研究涉及地下岩心还是地表出露的岩石，第一步都是描述岩石并选择具有代表性的样品进行进一步的实验室研究。成岩地质体（有时是地震规模的，例如白云岩前缘）和相（例如斑状白云岩）的野外描述为研究提供了基本要素。为了理解相关的流体流动和概念性的岩石—流体相互作用，成岩特征图是必不可少的（Shah 等，2012；Nader，2012；图 2.1）。在某些情况下，岩石分析可以在露头尺度上实现（图 2.2）。

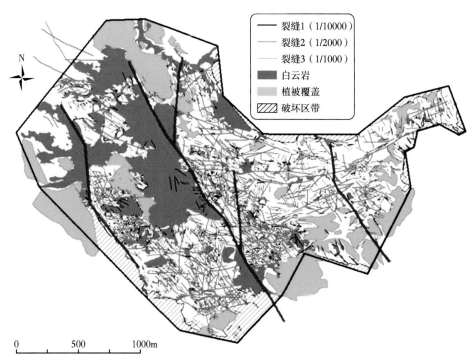

图例:
- —— 裂缝1 (1/10000)
- —— 裂缝2 (1/2000)
- —— 裂缝3 (1/1000)
- 白云岩
- 植被覆盖
- 破坏区带

N

0   500   1000m

图 2.1　根据航空照片和野外工作，Ranero（西班牙东北部）出露的白垩系台地
碳酸盐岩中白云岩的产状和裂缝（断层）分布图

图 2.2　野外尺度下 Ranero 的 Pozalagua 采石场（西班牙东北部）中与世界级断层相关的白云岩岩石观察
（a）蓝灰色石灰岩中白云岩前缘的总体视图；（b）石灰岩中胶结的古岩溶孔洞；（c）不同白云石胶
结期的石灰岩碎屑；（d）不同方解石和白云石胶结期的白云石胶结物

许多样品通常通过锤击岩石露头来采集，另外还可以通过使用微型钻机以获取详细的成岩横切特征（例如不同的脉/裂缝、缝合线）或减少样品重量。钻孔样品通常被称为"柱塞"，而手工样品则简称为"样品"。必要时，进行定向取样（即测量样品相对于层理或磁北的位置）。表2.1列出了典型研究的样品数量、薄片、地球化学和矿物学分析、微量测温和破碎浸出样品分析。采样通常是在垂直地层柱上或沿沉积学/成岩相变化的横向上进行的。通常在米级至厘米级尺度上对横切特征进行规划，这些特征对研究的目标很重要。对于岩心，需要详细的录井资料作为背景，在此基础上进行采样。

表2.1　典型成岩作用研究中所用材料清单（据Nader，2003）

样品位置	样品（薄片）	AAS	AES	O/C 同位素（按次序）	Sr 同位素	XRD	硅片	破碎浸出
Jeita—Metn	226（160）	140	14	125（21）	19	33	8	12
N. Ibrahim	191（106）	48		83（2）	2	25	4	5
Qadisha	83（32）	42		56		14		
总计	500（241）	230	14	264（23）	21	72	12	17

2.1.2　岩相

岩相分析仍然是成岩作用研究的基础。碳酸盐岩通常用显微技术进行研究，以描述其结构、组构和孔隙度。详细描述各种成岩作用特征（交代矿物、胶结物、溶解作用、压力—溶解等），并根据切割关系推断时间顺序排列。随后提出共生作用，并通过地球化学和矿物研究以及流体包裹体分析进一步细化。

在制备薄片和随后的常规显微镜检查之前（Nader，2003），有必要对样品进行系统的初步准备和微观前观察（切面）。一般来说，很少通过该方式处理柱塞，并且通常会进行薄片制备。

2.1.2.1　显微前观察

显微前观察包括一系列步骤，可提供样品的大量岩石信息，并有效地定位具有代表性的二维薄片。样品制备首先是锯切柱塞，以产生平面切割面或"平板"，然后对其进行抛光、蚀刻和染色处理（还有剥离，请参见Nader，2003），所有这些都与低倍双目显微镜相结合。碳酸盐岩的染色通常应用铁氰化钾蓝和茜素红S的溶液来完成（Dickson，1966）。这样做是为了区分（亚铁）方解石和（亚铁）白云石（图2.3）。可以使用其他类型的溶液来区分其他矿物（例如长石、硬石膏/石膏；Doummar，2005）。每个样品的显微前观察结果能够决定是否制备薄片，并为薄片选择最佳位置。

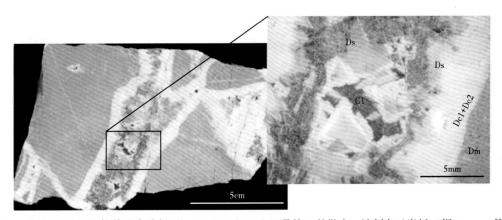

图2.3　Ras Al Khaimah（阿拉伯联合酋长国）Ghalilah组（上三叠统）的抛光、蚀刻白云岩板（据Fontana等，2014）显示了主体白云岩（Dm）、填充裂缝的非铁（白垩）白云石胶结物（Dc1和Dc2）和后期的铁鞍形白云石胶结物（染成蓝色，Ds），以及后来的方解石胶相（C1，染成红色）

如果有薄片可供研究，最好对其染色并用高分辨率的扫描仪对其进行扫描，以便提供高质量的图像，从而可以进一步定量测量。

最近，计算机断层扫描技术提供了一种在破坏大块岩石（或岩心）之前进行三维扫描以选择最佳取样位置的可能性。然后，可以从大块岩石中钻取较小的柱塞，并以较高的分辨率进行扫描。这项技术还应与经典的微观研究相结合。

2.1.2.2 显微镜观察

通过常规的荧光和阴极荧光显微镜（例如：CL：Technosyn 冷阴极发光 8200Mark Ⅱ型；工作条件为 16~20kV，350~600μA，0.05 Torr 真空和 5mm 束宽）研究薄片。阴极发光就是矿物质被电子束引起的辐射激发而发光（Machel 等，1991；图 2.4）。在荧光灯下的显微观察可用于研究有机物，以凸显碳酸盐岩的孔隙度（用荧光染料浸染），并确定富含碳氢化合物的流体包裹体。荧光显微镜和阴极荧光显微镜都应在常规显微镜观察完成后进行。通常，对于每个 CL 和荧光显微照片，还应该拍摄两份透射光照片。事实证明，这对预先设定的目标非常有用（例如确定特定的胶结物类型，增强孔隙，比较不同样品中存在的相似成岩相，评估样品的均质性以进行精确的同位素和化学分析）。

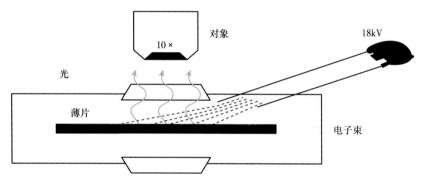

图 2.4　显示阴极荧光（CL）显微技术基本组成的示意图
在显微镜下观察到聚焦在薄片表面（或抛光的样品表面）的电子束发出的光（CL 模式）

扫描电子显微镜（SEM）是一种允许在三维视图和更高放大倍数下（10~100000 倍）进行岩石学观察的技术。以相对较旧的 JEOL-JSM 6400 扫描电子显微镜，其工作条件为 15~40kV 加速电压，$2×10^{-7}~2×10^{-9}$A 的探针电流以及 8~39mm 的工作距离。新型的 EVO MA10 Zeiss SMT 设备具有计算器驱动的五轴位移台，可快速观察样品；使用 15kV 和 100mA 的钨丝及 150~700pA 的探针电流工作（分别用于 SE 成像和 EDS 分析）。结合能量色散 X 射线光谱仪（EDS），可以基于 X 射线能量对组成元素进行测定。SEM 的工作原理是在真空中（在电子枪中；$LaB6$ 或钨丝）产生高能电子束，该电子束朝样品表面加速（图 2.5）。样品表面的电子轰击产生两种类型的电子：低能二次电子（SE）和高能反向散射电子（BE）。前者被捕获在光电倍增管中，并转换成屏幕上的图像，而后者用于检测成分变化（假设 BE 的强度取决于成分，即与目标的平均原子数有关）。

通过对薄片化学成分和矿物进行分析，可以使用新型 SEM-EDS（或微探针、EPMA）设备（例如 Zeiss EVO SEM、Oxford ESS）实现高分辨率二维成分分析（图 2.6）。可以为光谱成像设置 1000μs 的时间计数，且 86×128 像素的采集时间约为 1.5h。因此，可以绘制矿物组合图，确定在成岩作用过程中与矿物转变有关的孔隙度变化。通过经 EDS 标准化后的软件包（例如 Oxford Instruments 出品的 AZtecEnergy）将所有元素的 X 射线强度图转化为氧化物质量分数。统计聚类分析通常用于识别样品中出现的不同相。数据输出（来自 SEM-EDS 分析）可以使用基于 De Andrade 等（2006）开发的 Matlab™ 软件做进一步分析。

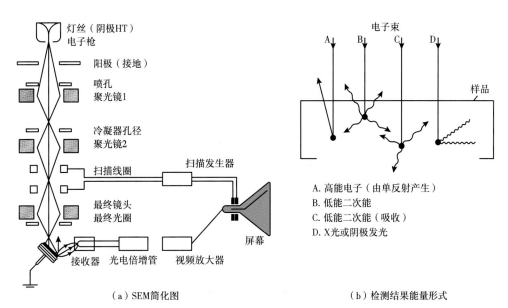

（a）SEM简化图　　　　　　　　　　　　（b）检测结果能量形式

图 2.5　扫描电子显微镜（SEM）内部的简化图示以及检测到的结果能量形式
（据 Emery 和 Robinson，1993）

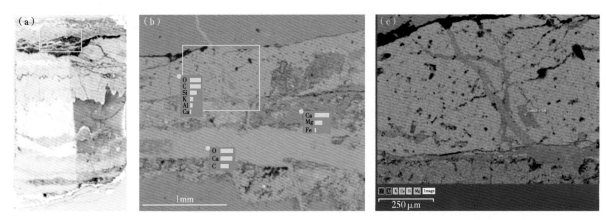

图 2.6　在意大利北部 Latemar 的白云岩中，对辉石进行的高分辨率 SEM-EDS 二维元素组成分析
（据 Katreine Blomme，Leuven 大学）

（a）对铁锰白云石胶结物和黏土填充的缝合线染色的薄片；（b）SEM 显微照片，显示了图（a）中黄色矩形的视图，
以及在黏土、白云石和方解石区域中的 3 个 EDS 分析点；（c）为图（b）的黄色矩形区域的 EDS 图，显示了缝合线中
富含二氧化硅的黏土中，被方解石细脉（富含钙）横切的白云石细脉（富含镁）

2.1.3　地球化学

为了描述成岩相的化学模式和推断原始流体（在沉淀或重结晶时），使用了大量的地球化学分析方法。由于在成岩过程中碳酸盐矿物的地球化学特征轻微重置，该任务仍然要面对重重困难（Frisia 等，2000）。下面仅介绍一些通常用于成岩作用研究的主要地球化学分析方法。

2.1.3.1　主量元素与微量元素分析

主量元素和微量元素可以定义成岩矿物相的化学特征，并最终更好地约束相关成岩过程中产生的流体系统。随后，还可以通过假设的矿物共生关系来帮助理解整体物理化学条件和演化。

主量和微量元素分析通过火焰原子吸收光谱法（AAS）、原子发射光谱法（AES）和电感耦合等离子体质谱仪（ICP-MS）进行，也可以用激光剥蚀设备（LA-ICP-MS）直接分析固相。实际上，在没有激光剥蚀的情况下，需要在分析之前将岩石样品溶解在溶液中。可以通过原子吸收光谱法分析大块样品（例如石灰岩/白云岩基质）、单相样品（例如白云石或方解石脉）和多相样品（例如方解白云岩的白云石/方解石）（图 2.7；Nader，2003；Maussen，2009）。由于它们的非碳酸盐杂质以及方解石和白云石的混合，在确定碳酸盐岩主量和微量元素分布方面存在很大问题。设计用于样品制备的分析方法经过烦琐的反复试验。

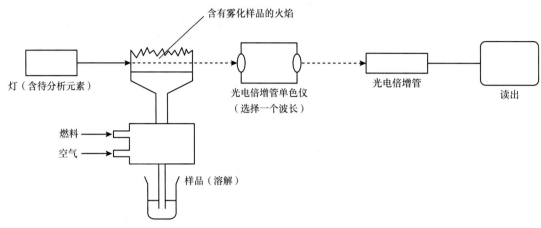

图 2.7　AAS 设备的简化示意图（据 Maussen，2009）

2.1.3.2　原子吸收光谱法流程（Maussen，2009）

火焰原子吸收光谱法非常适合确定沉积岩的主量和微量元素组成（例如 Ca、Mg、Fe 和 Mn 含量）。对于主量元素和微量元素分析，将白云岩和石灰岩粉末状样品（各 1g）浸入 40mL（1mol）HCl 中，并加热至蒸发。将残留物再一次溶解在 20mL（1mol）HCl 中，并依次对包含方解石和白云石的样品进行提取（Nader，2003），然后进行地球化学分析（Maussen，2009）。样品浸入 60mL 体积分数为 4% 的乙酸中以去除方解石相。反应后，将剩余的样品蒸发。将残余物溶于 20mL 体积分数为 25% 的硝酸中，然后用 20mL 体积分数为 25% 的硝酸溶解蒸发的方解石。过滤和冲洗后，所得溶液被认为代表方解石相。剩余的固体（假定代表白云石相和黏土）也经过类似的提取步骤：溶于 20mL 体积分数为 25% 的硝酸溶液中，蒸发并溶解在 20mL 体积分数为 25% 硝酸中。过滤和冲洗后，所得溶液被认为代表白云石相，其余固体为黏土。AAS 的校准需要通过多元素标准溶液（体积分数为 5% 的硝酸溶液）来实现。通常将多元素标准溶液和样品溶液的基质校正为 Ca 和 Mg。对于方解石/白云石和白云石混合样品，分析精度通常都低于 5%。

2.1.3.3　稳定碳氧同位素分析

氧和碳同位素分析有助于揭示原始流体类型和整个成岩过程中的温度。稳定氧同位素反映了所分析碳酸盐相沉淀过程中的原始流体和温度。因此，需要一个自变量来估计这两个变量之一。稳定碳同位素与原始海水和土壤碳有关。通常，成岩相的 $\delta^{13}C$ 特征被围岩的特征所减轻（例如指向其海相成因）。

稳定同位素分析通常在专业实验室中进行。通常对染色的岩片（或薄片）进行微钻或微磨获得样品，然后将其送到合格的实验室。通常在连接到 Finnigan Mat 252 质谱仪的在线碳酸盐制备生产线（Carbo-Kiel 单样品酸浴）中，使碳酸盐粉末与 100% 的磷酸在 75℃ 条件下反应（相对密度 >1.9；Wachter 和 Hayes，1985）。白云岩的氧同位素组成通常使用 Rosenbaum 和 Sheppard（1986）给出的分馏因子进行校正。根据实验室标准样品的重复分析得出的重现性，$\delta^{13}C$ 误差优于 ±0.02‰，$\delta^{18}O$ 误差优于 ±0.03‰。

对于同时包含方解石和白云石相的样品（不可分离，例如白云方解石），可以进行特殊的双重收集程序（Nader 等，2008）。首先将同一样品（约10g，粉末状）与100%的磷酸在25℃水浴中反应2h。假定提取的 CO_2 代表方解石相。然后，与酸的反应持续36h（相同的操作条件），或在更高的温度下（持续时间更短），第二次提取 CO_2，以代表白云石相。

2.1.3.4 锶同位素

通常使用锶（Sr）同位素比来确定所研究的成岩相年龄（与海洋 Sr 曲线的演化比较；图2.8）或推断成岩流体相互作用（例如与放射性 Sr 流体的混合和相互作用）。

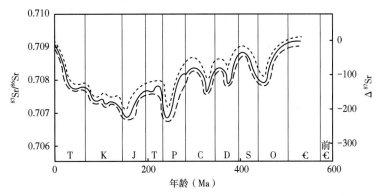

图2.8　整个地质时间内海水中$^{87}Sr/^{86}Sr$的变化（据 Emery 和 Robinson，1993）
虚线代表不确定性的近似极限

Sr 同位素分析也在专门实验室中进行。在酸解之前，将碳酸盐样品浸入1mol乙酸中。方解石用1mol乙酸溶解，白云石用6mol HCl 溶解。使用 Bio-Rad AG50W X8 200~400 目阳离子交换树脂在2.5mol HCl 中分离 Sr。使用该方法制备的 Sr 样品的空白总量小于200pg。在准备质谱时，将 Sr 样品放到含1mol磷酸的 Ta 丝上。在 VG Sector 5430 质谱仪上分析 Sr 样品。维持 1V（1×10^{-11}A）±10%的^{88}Sr强度，并使用$^{86}Sr/^{88}Sr=0.1194$和指数定律对$^{87}Sr/^{86}Sr$进行质量分数校正。VG Sector 5430 质谱仪在跳峰模式下运行，收集的数据为15块，每块10个比率。

2.1.4　矿物

矿物研究通常是通过 X 射线衍射（XRD）技术完成的，目的如下：（1）确定黏土矿物；（2）确定岩石中矿物相（例如方解石、白云石、硬石膏）的含量；（3）评估白云石的非化学计量性和晶体有序性。

可以通过方解石/白云石峰面的相对比较和 Rietveld 模型来确定碳酸盐岩中方解石/白云石的百分比。已根据几位学者（Hutchison，1971；Royse 等，1971；Tucker，1988）和实验室工作设计了优化的工作流程。通常使用钙含量与峰间距之间的关系（Goldsmith 和 Graf，1958）并将 Lumsden 方程应用于测得的峰间距（Lumsden，1979）来计算白云石的非化学计量摩尔分数

$$N_{CaCO_3}=Md+B$$

式中，N_{CaCO_3}为白云石晶格中 $CaCO_3$ 的摩尔分数；d 为衍射图峰间距，Å（$1Å=1\times10^{-10}m$）；M 取值为333.33；B 取值为-911.99。

白云石晶体的有序性可以通过计算 X 射线衍射图上主要白云石峰的 FWHM（最大强度一半时的峰宽）来评估。经验表明，在评估范围内，该方法比其他传统方法（Tucker，1988）产生了更好的结果。在传统方法中，白云石表面积较小的峰用于确定有序性（Nader，2003）。Jones 等（2001）提出了一种评估"非均质"白云岩的方法，该白云岩表现出多个峰或肩峰。

2.1.4.1 X射线衍射流程（Turpin，2009；Turpin 等，2012）

将每个样品的一小部分在研钵中均匀研磨以进行 XRD 测量。将氧化铝添加到每个粉末样品中，用作内标（质量分数为50%），并再次研磨混合物直至变得均匀。利用步长为 0.017°（2θ）的铜辐射和 91s.$2\theta^{-1}$ 数量级的计数时间（使用 X'pertPro Panalytical 衍射仪上的位置敏感检测器）制作 XRD 图。使用 ICDD 数据库（PDF 4+）对测得的数字化衍射图进行矿物鉴定。$\theta—2\theta$ 配置中的 XRD 分析是通过椭圆 W/Si 晶体镜聚焦的平行光束进行的。对封闭在 1mm 玻璃毛细管中的粉末样品进行测量，以分析整个样品。

对结果图进行结构和单元优化。结构改进方法（Rietveld，1969）基于最小二乘法改进程序，该程序直接采用逐步扫描测量获得轮廓强度。它允许对观察到的和计算出的积分强度（而不是轮廓强度）之间的一致性做出定量判断。根据积分强度的计算值分离峰，可以近似观察到积分强度。基于所有衍射峰，利用 Rieteld 精细化来量化样品中共存相的相对比例和晶胞细化，以确定白云石晶体的单位晶胞参数。NIST 氧化铝的峰位置用于校正实验和计算曲线之间各个样品各种成分的峰位移误差（以 2θ 为单位）。对于普通矿物，已经通过 Rietveld 精细化了相对误差。从逻辑上讲，不确定度与样品中的相比例相关：当丰度小于5%时，不确定度大于75%；当比例大于80%时，不确定度小于10%。

2.1.4.2 电子探针

电子探针分析（EMPA）通常只用于关键样品，其用途旨在绘制矿物学组合（以及碳酸盐矿物中含有铁和锰的可能证据）。电子探针（绘图）分析使用 Cameca SX100 微探针在以下分析条件下实现：对于所有被分析元素（例如 Ca、Mg、Fe、Mn、Sr），为 15kV、100nA、0.3s，光斑尺寸为 1μm，步长为 5μm。

X 电子探针用于含镁和钙的透辉石、含铁的石榴石，以及含锰的蔷薇辉石和含锶的天青石。根据 De Andrade 等（2006）的程序，将所有元素的 X 射线强度图转换为氧化物质量分数图，使用高质量的点做分析。统计聚类分析可以确定样品中出现的不同主要矿物相。对于碳酸盐簇，使用 1 个氧基，并假设所有铁都是二价的，计算每个像素的结构式（图2.9）。然后对结构式的图进行滤波，以去除位于不同均质相（机械混合污染分析）之间的极限像素分析。使用以下公式过滤剩余的结构式：(1) $0.96 < Ca < 1.14$；(2) $0.86 < Mg < 1.04$；(3) $0.0 < Fe < 0.1$（以 0.1 为标准分析误差）。该组限制条件是由两个端元之间典型白云石成分的自然变化确定的，如 $Ca_{0.96}Mg_{1.04}(CO_3)_2$ 和 $Ca_{1.14}Mg_{0.86}(CO_3)_2$，它们分别按照 48% 和 57% 白云石非化学计量比计算。

2.1.5 流体包裹体

成岩矿物（和胶结物）中流体包裹体的分析为我们提供了少数几个允许直接重建沉积盆地热历史和流体成分的工具之一（Ceriani 等，2002；Swennen 等，2003；Nader 等，2004）。

2.1.5.1 显微测温

使用安装在 Olympus BX60 显微镜上的 Linkam THMSG 600 加热冷却工作台，在双抛光截面上进行流体包裹体的微量测温分析。为了估算主晶体的沉淀温度，研究了两相原生和假次生盐水包裹体的气液均一化温度（T_h）。假设所研究的矿物来自某一流体体系（如 $NaCl-H_2O$），冰的最终融化温度（T_m）用于推断流体本身的盐度（图2.10）。对于 T_h 值，测量精度通常在 1℃ 左右，对于 T_m 值，测量精度通常在 0.2℃ 左右。T_h 值与 $\delta^{18}O$ 同位素数据结合使用，可以重建流体的 $\delta^{18}O$ 成分。

2.1.5.2 破碎浸出分析

使用锯子从岩心或手标本中仔细切割特定的样品相，然后用牙医钻头清洁，主要表明该相中的流体包裹体是适合研究的。样品被粉碎和筛选，得到 1~2mm 的颗粒，并在双目显微镜下手工挑选以获得 2g 清洁的矿物分离物（在可能的情况下）。然后在 18.2mL 水中洗涤样品，在热板上加热 12h，

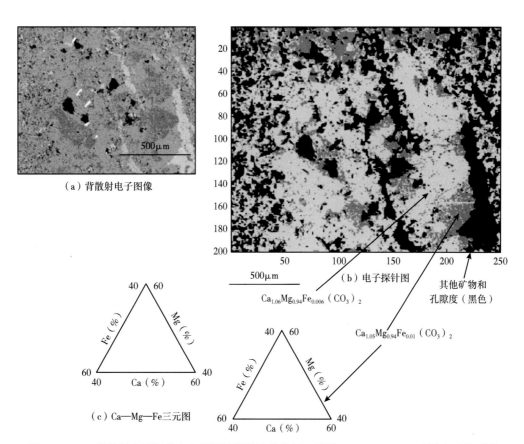

（a）背散射电子图像

（b）电子探针图

$Ca_{1.06}Mg_{0.94}Fe_{0.006}(CO_3)_2$

$Ca_{1.05}Mg_{0.94}Fe_{0.01}(CO_3)_2$

其他矿物和
孔隙度（黑色）

（c）Ca—Mg—Fe 三元图

图 2.9 SEM 背散射电子图像和电子探针图的聚类分析，以及 Ca—Mg—Fe 三元图中两种不同
化学成分的白云石的平均结构式（据 Turpin，2009）

来自法国 Jura 的三叠系白云岩样品（岩心）

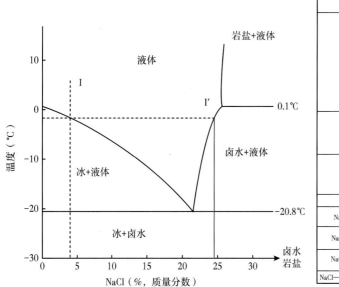

溶解质	共晶温度（℃）	共晶组分（%，质量分数）	固相		
NaCl	-20.8	23.3% NaCl	H_2O	冰	六边形无色 RI e 11.3 w 1.30
			$NaCl \cdot 2H_2O$	卤水	无色 RI 1.416
			NaCl	石盐	立方形无色 RI 1.544
KCl	-10.6	19.7% KCl	KCl	钾盐	立方形无色 淡黄色 RI 1.490
$CaCl_2$	-49.8	30.2% $CaCl_2$	$CaCl_2 \cdot 6H_2O$	南极石	六边形无色 RI e 1.39 w 1.41
$MgCl_2$	-33.6	21.0% $MgCl_2$	$MgCl_2 \cdot 12H_2O$		
NaCl—KCl	-22.9	20.17% NaCl 5.81% KCl			
NaCl—$CaCl_2$	-52	1.8% NaCl 29.4% $CaCl_2$			
NaCl—$MgCl_2$	-35	1.56% NaCl 22.75% $MgCl_2$			
NaCl—$CaCl_2$—$MgCl_2$					

图 2.10 $NaCl-H_2O$ 流体系统的典型相图和流体包裹体中常见氯化物类水溶液的特定相数据

（据 Emery 和 Robinson，1993）

电解清洁 1 周，然后在烤箱中干燥。1～2g 样品在研钵中研磨成细粉，并在清洁和受控的环境中捣碎。将一半的粉末转移到不起反应的小瓶中，并加入 5mL 的清水。摇动样品，并通过 0.2μs 过滤器过滤，得到干净的渗滤液。使用 Dionex DX600 离子色谱仪或 ICP-MS 分析阴离子（Cl⁻、Br⁻、F⁻ 和硫酸盐）。用原子吸收光谱法或 ICP-MS 对同一渗滤液中的 Na⁺、K⁺ 和其他阳离子进行分析。

2.1.6 用于构建概念模型的综合技术

通过各种技术的应用，收集独立的参数来描述成岩特征，并按时间顺序组织相应的阶段（和过程）。因此，可以呈现矿物共生序列，并且通常与孔隙形成有关（孔隙的演化）。时间从沉积到埋藏或暴露地表，实际上直到采样发生（图 2.11）。

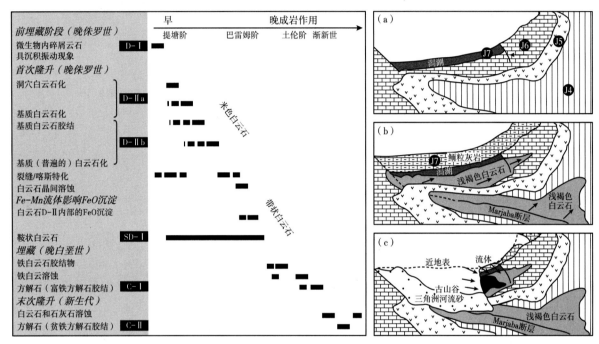

图 2.11　根据岩石学、地球化学和流体包裹体分析，提出了 Marjaba HDT 前缘（黎巴嫩中部）
白云岩的成岩阶段（共生）序列（据 Nader 等，2007）

（a）—（c）分别代表了白云岩前缘侵位和演化（浅褐色白云岩、铁质带状白云岩、白云岩胶结/溶解）的假设
概念模型，这些成岩作用分别发生在钦莫利期—提塘期、提塘期—早白垩世和早白垩世

每一个记录的成岩阶段代表一个特定的过程，这些过程在成岩域中具有特定的物理化学条件。然后，概念模型可以与定义的过程相关联。基于详细的岩石学分析以及关键成岩阶段的地球化学特征和流体包裹体分析，Nader 等（2007）在侏罗系碳酸盐岩台地中构建了热液白云岩前缘的共生序列。根据接触关系以及白云岩相的岩相学和地球化学特征，有助于确定前缘侵位的相对年代。因此，可以提出一个概念模型来说明热液白云岩前缘的空间/时间演化（图 2.12）。

或者，可以引用回流、埋藏或裂缝相关的白云石化模型（图 2.12）来解释某一白云岩相，其岩石学和地球化学特征已被详细描述。通过遵循类似的工作流程，并通过与其他类似的研究案例进行比较，可以达到对过程的范围和时间的进一步约束。此外，可以提出在这种过程期间的流体动力学背景。最终定性地估计围岩中的空间非均质性以及对储层性质的影响（即孔隙成因）。

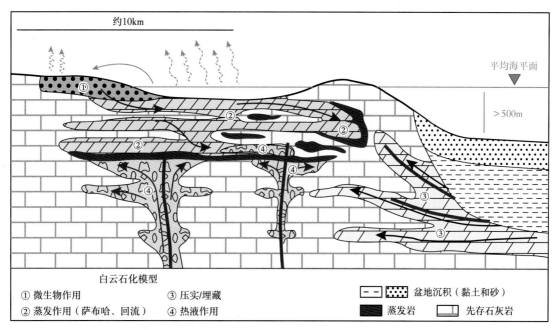

图 2.12 概念白云石化模型及其几何形状和范围的示例（据 Nader 等，2013）

预期的流体流动路径用箭头表示

2.2 未来的展望

目前，可以说成岩作用和所有工作流程的各种表征方法都很先进。附加的分析技术，即通过定量技术，可以给成岩作用带来更高的精确度和更好的约束。事实上，一些新的有前途的分析技术正在不断发展，进一步提高了成岩作用研究的水平（例如，成岩作用的氧和镁同位素分析）。此外，研究孔隙的新的尖端技术无疑将迎来一个新的时代。直到今天，沉积岩的孔隙分析往往是基于岩石结构的，如 Choquetteand 和 Pray（1970）、Luccia（1995）和 Lønøy（2006）的分类。未来几年很可能会通过关注孔隙空间本身的研究揭示另一种理解孔隙演化的方法。计算机断层摄影技术的进步使之成为可能，这些技术能够在宏观尺度（粒间）和微观尺度（粒内）捕捉三维孔隙空间。

2.2.1 团簇氧同位素分析

氧稳定同位素分析可以推断原始流体的性质和碳酸盐矿物沉淀过程中的温度，结果受两个变量的影响（原始流体化学和沉淀温度）。流体包裹体分析通常被用作约束沉淀温度，并与稳定的氧同位素结果一起确定沉淀流体的原始性质。然而，一般碳酸盐岩（特别是白云岩）中的流体包裹体经常由于渗漏或拉伸被破坏。因此，需要一种新的古温度计，它可以用于几种类型的胶结物组构/类型，并且不与任何其他未知变量相关联。团簇氧同位素分析被认为是符合这一条件的一种古测温方法，并有望在不久的将来具有巨大的分析潜力。

经典的稳定同位素分析（例如 $\delta^{18}O$、$\delta^{13}C$）旨在估计岩石样品的同位素比率（例如 $^{18}O/^{16}O$、$^{13}C/^{12}C$）与国际标准相比的差异，而团簇同位素分析则用于区分特定的同位素体，即化学成分相似但同位素组成不同的分子。实际上，相对分子质量为 47，即 Δ_{47}（其中碳和氧的重稀有同位素 ^{13}C 和 ^{18}O 在 CO_2 分子中被取代，即 $^{13}C^{18}O^{16}O_2{}^{2-}$）的 CO_2 的同位素体表示晶体晶格中重同位素聚集的数量（图 2.13）。这是通过在同一样品中同时测量相对分子质量为 47 的 CO_2 的 $\delta^{18}O$ 和 $\delta^{13}C$，而不与外部参考进行比较来实现的。

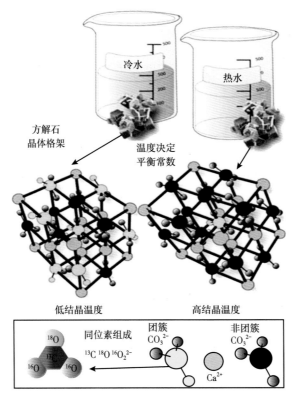

图 2.13　通过测量方解石晶格中相对分子质量为 47 的 CO_2 的同位素体（即 $^{13}C^{18}O^{16}O_2^{2-}$）
来计算团簇氧同位素的量，其是结晶温度的函数（据 IFP-EN，2015）

根据热力学定律，在特定温度下可以知道团簇的量。Ghosh 等（2006）的结果表明，对于在不同温度下沉淀的不同碳酸盐矿物的 Δ_{47} 值，可以导出一条校准线（图 2.14；Eiler，2007）。因此，与 $\delta^{18}O$ 和 $\delta^{13}C$ 测量相比，团簇同位素没有矿物特定的分馏效应。Δ_{47} 与原始流体 $\delta^{18}O$ 组成无关，它只反映温度。

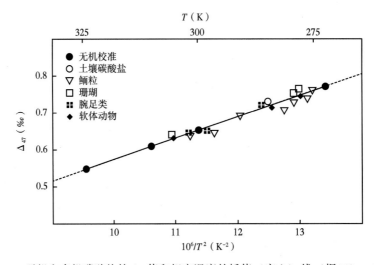

图 2.14　无机和有机碳酸盐的 Δ_{47} 值和相应温度的插值（实心）线（据 Eiler，2007）

因此，碳酸盐团簇同位素古温标是基于碳酸盐矿物（$^{13}C^{18}O^{16}O_2^{2-}$ 离子基团）中相对分子质量为 47 的 CO_2 同位素体的温度依赖性形成的。这是通过测定从矿物中提取的 CO_2 的 Δ_{47} 值，并将结果与温度校准线进行比较来完成的。

最近，方解石和白云石的团簇同位素分析已成为可能，并已标准化（Dennis 等，2011）。今后，可以实现对成岩方解石（温度在 14~123℃ 之间；Huntington 等，2011）和共生白云石（温度在 25~350℃ 之间；Bonifacie 等，2013，2014）结晶温度的估计。方解石和白云石的校准线目前正在进行改进（IFP-EN，2015）。

2.2.2 镁同位素分析

就丰度而言，镁（Mg）是主要的造岩元素（仅次于氧）。它在海水中普遍存在，大部分碳酸盐岩在其中形成。它也存在于水文和生物系统中（Young 和 Galy，2004）。多采集器电感耦合等离子体质谱仪（MC-ICP-MS）能够正确测量溶解样品（Young 和 Galy，2004）中的 Mg 同位素比 $^{25}Mg/^{24}Mg$ 和 $^{26}Mg/^{24}Mg$。此外，热电离质谱仪（TIMS）可以精确测量 $^{26}Mg/^{24}Mg$ 与固定标准值之间的差异。

Li 等（2012）测量了在一定温度范围内（4~45℃）含镁方解石与水溶液中镁之间的镁同位素分馏。其结果连同其他学者的结果（Rustad 等，2010；Schauble，2011）可以进一步约束碳酸盐和溶液之间的镁同位素分馏因子（图 2.15）。他们还证明了 $\Delta^{26/24}Mg_{cal-sol}$ 分馏对 CO_2、溶液化学和方解石成分不敏感，并且它只受温度的轻微影响。因此，镁同位素可用于约束现代和古代海洋系统中的镁通量（包括大陆风化）。

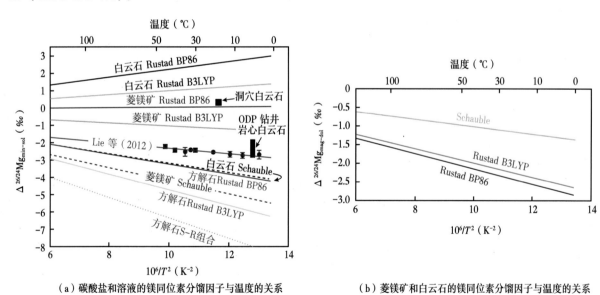

（a）碳酸盐和溶液的镁同位素分馏因子与温度的关系　　　　（b）菱镁矿和白云石的镁同位素分馏因子与温度的关系

图 2.15　理论预测的镁同位素分馏因子（据 Li 等，2012）

碳酸盐矿物的镁同位素组成可以与现代碳酸盐的 $\delta^{26}Mg$ 相比较，并成为成岩作用研究的焦点（Lvoie 等，2011；Li 等，2012）。例如，它们可以提供对镁（白云石化过程所必需的）来源的重要见解，因此，可以验证白云石化的一些概念性模型（图 2.16）。通常，$\delta^{26}Mg$ 同位素分析是在获得其他经典地球化学分析（例如 $\delta^{18}O$、$\delta^{13}C$、$^{87}Sr/^{86}Sr$）和流体包裹体之后进行的。Lvoie 等（2011）揭示了加拿大东部古生界白云岩的 $\delta^{26}Mg$、$\delta^{18}O$ 和 $^{87}Sr/^{86}Sr$ 值之间的线性关系。因此，它们能够约束白云石化流体的性质及其可能的镁铁质和超镁铁质火山岩来源。

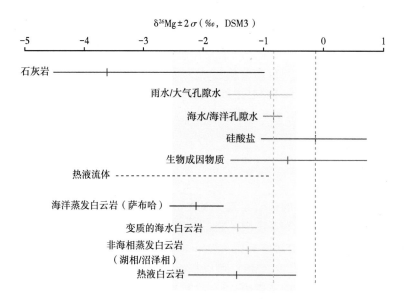

图 2.16　不同镁源（如石灰岩、海水、雨水、硅酸盐岩石、植物）的镁同位素组成（$\delta^{26}Mg$，DSM3），以及由此产生的萨布哈、混合带和湖相白云岩（据 Geske 等，2015）

2.2.3　U-Pb 定年

碳酸盐矿物的 U-Pb 定年方法实际上适用于几乎整个地质时间尺度，而它以前在某种程度上仅限于更新世的洞穴沉积物（Verheyden 等，2008）。Smith 等（1991）成功地测定了中泥盆统碳酸盐岩和珊瑚中（美国安大略省）次生方解石相的 U-Pb 年龄，为碳酸盐岩成岩作用的直接定年铺平了道路。新的 MC-ICP-MS 先进技术与激光烧蚀相结合，以及新的热电离质谱仪（TIMS）具有更高的精度和足够的测量值，即使被测试样品中的 U 和 Pb 量很少。因此，这些方法已经成功地对来自广泛的沉积和成岩环境的碳酸盐岩进行了 U-Pb 定年。

Grandia 等（2000）成功地对与中生界 MVT 矿床有关的碳酸盐进行了 U-Pb 和 Th-Pb 定年。由于大多数碳酸盐受到成岩蚀变的影响，应用这种放射性同位素测年的主要困难在于区分矿床的形成时间和成岩蚀变（Jahn 和 Cuvellier，1994；Rasbury 和 Cole，2009）。这更多地依赖于岩石学研究，以及其他成岩特征技术，而不是同位素测年的精确度。事实上，U-Pb 定年技术遵循了大多数用于定年的放射性同位素系统所共有的必要规则：（1）子体同位素最初是均匀的；（2）母体/子体比率分布较好；（3）与母体相关的半衰期（相对于测量的年龄）；（4）主流的封闭系统。此外，在应用碳酸盐 U-Pb 定年时必须考虑一些问题（Jahn 和 Cuvellier，1994）：（1）碳酸盐岩沉积/形成过程中的 U-Pb 掺入；（2）碳酸盐中 U 载体的识别；（3）沉积和成岩之间的时间间隔（例如白云石化）；（4）成岩作用对 Pb 同位素均匀化和 U-Pb 再分布的影响。

对于特定年龄，所得等时线 x 轴代表 $^{238}U/^{204}Pb$ 比，而 y 轴表示 $^{206}Pb/^{204}Pb$ 比率（图 2.17）。

最近，Li 等（2014）用 LA-ICP-MC-MS 技术对中生界菊石中的早期方解石胶结物进行了 U-Pb 定年。胶结物 U-Pb 年龄接近 159Ma（图 2.18a）和 165Ma（图 2.18b、c），分别比发现菊石的巴通阶和托阿尔阶年轻约 10Ma 和 15Ma（地层年龄为 170.3—168.3Ma 和 180—179Ma；Gradstein 等，2012），Li 等（2014）将测量的年龄解释为菊石的壁和内部结构以及早期成岩边缘胶结物从文石演变为方解石并在晚期成岩作用中再结晶时将其铀含量分配到边缘胶结物中的时间。这项研究显示了这种方法的精妙之处，以及在考虑到其他独立论点的情况下，用批判性推理解释所产生的分析结果的必要性。

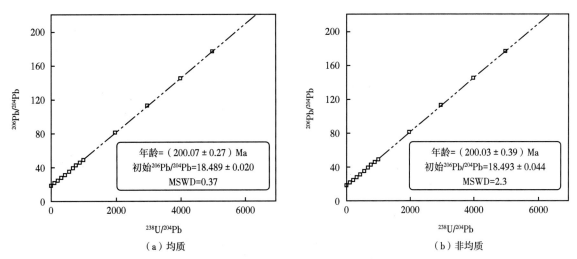

（a）均质 （b）非均质

图 2.17 从均质和非均质两种起始条件演化到 200Ma 的等时线实例（用 MSWD 值表示；
据 Rasbury 和 Cole，2009）结果表明，即使 Pb 同位素初始数据零散，也可以获得正确的年龄

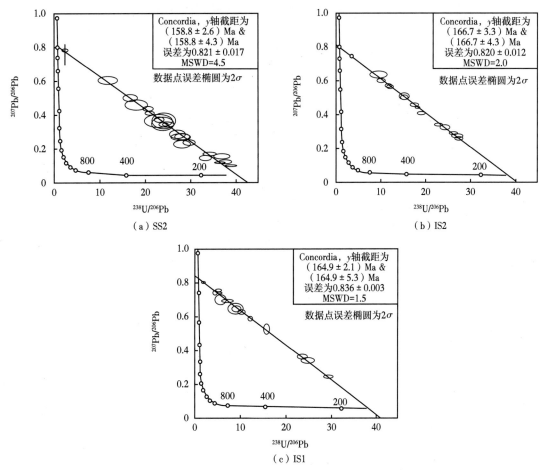

图 2.18 侏罗系菊石中早期方解石胶结物的 LA-ICP-MC-MS-Pb 数据图，已归一化为
热电离质谱仪测量的数据（据 Li 等，2014）

2.2.4　三维孔隙

碳酸盐岩的流动性质很难描述和预测。各种分类试图将不同类型的孔隙（部分基于岩石的结构和成分）与测量的渗透率值相关联（Lucia，1995；Lønøy，2006）。通常对工业井岩心的薄片孔隙类型数据库进行统计分析，并进行相应的流动特性测量（如 MICP、空气渗透率、氦气孔隙度）。这些分析可以得到整个储层的岩石类型，这是储层建模的必要步骤。随后，储层被细分为具有特定孔隙度/渗透率特征的区域。

随着 X 射线计算机断层成像技术的发展，经典储层岩石类型的应用工作流程即将演变，X 射线计算机断层成像技术能够提供孔隙网络的高分辨率三维成像。显微 CT 方法与三维图像分析相结合，可以表征孔隙空间的三维特征，而不考虑岩石本身的结构（图 2.19），孔隙成为一个孤立或连通空间的三维网络，通过它也可以实现流动建模（Talon 等，2012）。

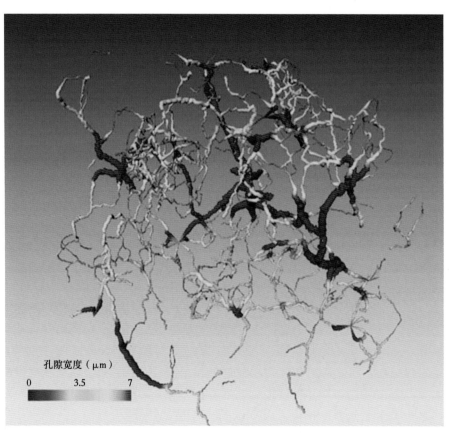

孔隙宽度（μm）

0　　　3.5　　　7

图 2.19　为 Estaillades 碳酸盐岩标准（法国）提取的宏观孔隙网络（由 IFP-EN 岩石物理小组提供）

2.2.4.1　显微 CT 的建立与三维图像的重建

CT 扫描通常应用于 23mm 岩心（柱塞）样品，且直径为 5mm 的代表性微型柱塞可作为最佳选择。这种微型柱塞是在岩心（柱塞）样品中钻取的，对其进行显微 CT 扫描。因此，可以使用 Phoe-nix X-Ray（De Boever 等，2012）的 Nanotom 高分辨率 X 射线显微 CT 获取三维图像。样品固定在水平旋转轴上，放置在源和检测器之间。通过以 0.2° 的旋转步长将样品旋转 360° 来获得二维投影。采集期间的参数是 90kV 的管电压和 170μA 的电流。探测器由 2304×2304 像素栅格组成的 Hamamatsu 平面探测器（110mm×110mm）组成，步长为 50μm。源—物体距离为 11.8mm，源—探测器距离为 200mm，提供 3μm（像素尺寸）的分辨率。然而，非常细微的孔径和孔喉的存在需要更低的像素尺寸。为了提高分辨率，应用探测器采集模式。通过沿投影平面移动探测器，创建了 2304×4608 像素的虚拟探测器，具有更大的视域。然后将源—对象距离调整为 6.2mm 以使放大率加倍。通过这种设置，得到的分辨率为 1.5μm。相应地，采集的数据大小和采集时间加倍。进一步改善条件可能获得更高的分辨率——大约 0.5μm，这当然需要更长的采集时间。

每次采集（分辨率为 1.5μm）生成 1800 个 TIFF 投影，用于体积数据的数字重建。可以在全分辨率下重建和存储的最大体积为 1000×1000×1000 像素。重建（Phoenix 算法）使用锥束 Feldkamp 算法。通过使用金属 Cu 滤光片（0.1mm）并在重建过程中应用数学校正来校正射束硬化效应。

2.2.4.2　根据实际孔隙空间建立等效孔隙网络

重建的三维体的图像处理和分析工作流程包括：（1）可视化、分割和量化解析的孔隙空间及不同的矿物相；（2）等效孔隙网络的重建及其参数的描述；（3）古孔隙网络的重建。

使用 Avizo 软件包对岩石进行可视化分析。为了降低噪声，增加图像对比度并促进阈值设置，拉伸图像直方图，并在适当的情况下对图像进行过滤（降噪，应用亮度/对比度过滤器）。这将改进图像直方图中灰度峰值的分离（图 2.20）。对灰度图像的分割是一个阈值化步骤，然后是过滤操作（去除孤立的值）和形态操作（平滑、收缩和增长）。更多细节可参考 Youssef 等（2008）。上述过程创建了每个相位或灰度的二进制三维图像，并且可以计算样品成分的体积分数。通过将计算的体积分数与 23mm 柱塞的实验室测量结果进行比较，可以评估图像分割的质量。

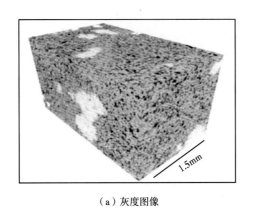

（a）灰度图像

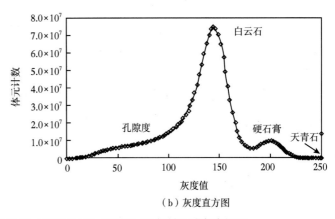

（b）灰度直方图

图 2.20　典型侏罗系 Arab C 型白云岩（中东地区）的显微 CT 扫描三维灰度视图
（2000×1000×1000 像素）及灰度直方图（据 de Boever 等，2012）

将孔隙度与氦气孔隙度测量值进行比较。定量 XRD 结果用于校准不同矿物成分的体积分数。图像分割的结果是三维标记的二值图像，其能够可视化每个样品成分的空间分布。孔隙空间通常由几个独立的团簇组成。为了进一步操作，孔隙空间应该包括至少一个重要的渗透率簇，以便在传输特性模拟过程中获得具有代表性的结果。

一旦捕获到解析孔隙空间的二值三维图像，就可以构建孔隙体和孔喉的等效网络，该网络是一个可以用于计算岩石物理性质的网络模型。该过程包括三个主要步骤：骨架提取、孔隙空间划分和参数提取（图 2.21）。

骨架提取步骤使用 Avizo 的距离有序同源细化算法（Distance Ordered Homotopic Thinning Algorithm）。该算法计算前景（空白空间）的每个点到背景（固相）的最短距离。然后使用所得到的距离来指导细化算法，从而产生薄的、集中的骨架，以保留原始孔隙空间的构型。通过距离映射，将骨架的每个三维像素标记为到空白空间边界的最小距离。然后将孔隙空间的骨架划分为属于相同孔隙的一组线条，并由对应于孔隙间限制的孔喉点分开。随后，通过使用三维像素生长约束算法将孔隙空间的二值图像添加到标记的线集图像中，对不同的孔隙进行几何分割和标记。孔隙网络重建过程允许基于孔隙半径和每个孔隙的配位数来定义等效孔隙网络的若干统计参数，例如孔径分布

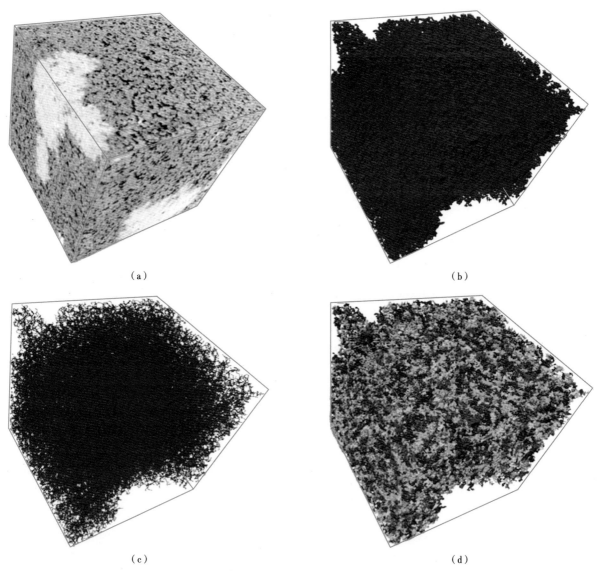

（a）　　　　　　　　　　　　　　　　　　　　（b）

（c）　　　　　　　　　　　　　　　　　　　　（d）

图 2.21　典型侏罗系 Arab C 型白云岩（中东地区）实际孔隙结构的等效网络构建

（a）显微 CT 扫描的三维灰度视图（1000×1000×1000 像素）；（b）分段图像，经过二值化步骤，红色表示孔隙度；
（c）三维骨架表示为孔隙中心的线条，保留原始孔隙构型；（d）整个岩体的分区孔隙空间

（Youssef 等，2008）。

此外，还可以根据三维显微 CT 图像重建古孔隙网络（形状、尺寸和连通性）。然后可以模拟它们的传输属性（Talon 等，2012）。该过程包括一个额外的分割和孔隙网络构建步骤，类似于上述过程。分割步骤包括双阈值操作。当前的孔隙空间被分割并与第二矿物相的分段体积合并。该方法已经应用于典型的（侏罗系）Arab C 型白云岩，其晶间孔隙被硬石膏堵塞。同时也可重建硬石膏沉淀之前的孔隙空间（图 2.20 和图 2.21）（de Boever 等，2012）。

2.2.4.3　压汞和渗透率的数值模拟

在划分孔隙空间之后，建立用于模拟压汞和计算渗透率的连通模型。完整的排汞曲线是将汞逐步压入整个孔隙体积获得的，对于固定的毛细管压力（p_c），可以通过孔喉半径获得整个孔隙体积。Youssef 等（2007）详细解释了这个过程，他们将模拟结果与实验室渗透率和 Purcell 压汞法测量结果进行比较，以验证重建的孔隙网络和孔隙分区的质量（图 2.22）。

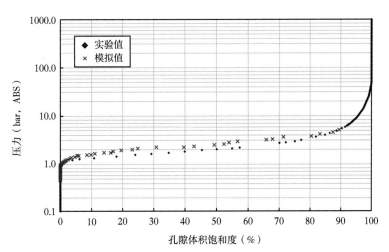

图 2.22　模拟及测量的典型侏罗系 Arab C 型白云岩（中东地区）实际孔隙结构的压汞毛细管压力曲线

2.3　讨　论

成岩过程可以通过对相关成岩相的详细描述来揭示。例如，对白云石晶体的岩相学观察以及地球化学和流体包裹体分析可以推断出它们形成的特定过程（即白云石化的概念模型）。此外，白云岩研究还受益于出露良好的露头，从而可以理解白云石化地质体的几何结构（Shah 等，2012；Dewit，2012）。在 Ranero（西班牙北部），通过分析航空照片和野外观察，可以对白云石化地质体进行比较详细的测绘（图 2.1）。然而，在进行典型的成岩作用研究时，岩相学所占比重最大。成岩相（胶结物、交代矿物、孔隙）的描述和分类基本上仍然是经典岩相学观察的结果，无论是常规的、阴极发光的或扫描电子显微镜技术。

在碳酸盐岩常见成岩作用研究的框架内，系统地进行一系列地球化学、矿物学和流体包裹体分析。主量和微量元素组成通过地球化学分析或电子探针测量。有各种实验室工作流程（适用于特定仪器：AAS、AES、LA-ICP-MS）可供选择，但笔者选择"顺序提取"程序，该程序可以分析同时包含方解石和白云石相的样品，以便分别测量每种相的主量元素和微量元素（Nader，2003）。目前，稳定的氧和碳同位素分析非常普遍，它们是在专门的实验室中进行的。这里提出了应用于钙化白云石的"特殊双重收集"程序（Nader 等，2008）。虽然成本较高，但锶同位素分析也经常在专门的研究中心进行，其结果论证了大多数已发表的关于成岩作用的工作。XRD 分析是一项传统的技术，但如今受益于 Rietveld 建模，可更好地评估白云石晶体的化学计量比和定量矿物体积。本章描述了 IFP-EN 开发的新实验方案，它们基本上结合了 XRD 和 Rietveld 精细化技术来研究白云石。此外，还或多或少地进行了显微测温和破碎浸出分析，其中涉及被捕获在成岩矿物中的流体包裹体（前一种方法涉及安装在显微镜上的加热冷却台）。所有这些技术都进一步描述了成岩相和相关的成岩流体，以及它们形成时的主要物理化学条件。

最佳方法是集成众多（即便不是全部）这些技术。例如，与特定胶结物相对应的氧同位素比取决于它们所沉淀的原始流体和当时的温度。结合测量的捕获在这些胶结物中的相关流体包裹体的液—气均一化温度，可以约束沉淀时的温度，也因此可以确定原始流体氧同位素比（Friedman 和 O'Neil，1977；Land，1983；Fontana，2010）。许多论文较详细地说明了这种方法（Nader 等，2004，2007，2008；Fontana 等，2014）。此外，约束成岩相的沉淀/形成条件及其时间（例如 Sr 同位素比值），连同岩相学观察可以得到矿物共生序列（图 2.11），并确认所提出的概念模型（图 2.12）。最终，可以将所提出的成岩阶段序列叠加在埋藏曲线上（图 2.23；Peyravi 等，2014）。

虽然认识到成岩作用表征领域的常用技术已经相当成熟，但一些进展和未来前景似乎非常诱人。方解石和白云石矿物的团簇氧同位素测量正在变得可行（Dennis 等，2011）。这种方法克服了经典氧同位素比对原始流体和温度（前面讨论的两个变量）的依赖性，提供了基于团簇同位素标准化古温度计的结晶温度估计方法（图 2.13 和图 2.14）。另一种有趣的分析技术涉及镁同位素分析。就丰度而言主要的造岩元素的来源可以从理论上进行追踪（图 2.16）。该方法与经典的氧和锶同位素分析结合使用，对约束白云石化过程具有重要意义（Lvoie 等，2011）。使用具有更高分析精度的新技术（LA-ICP-MC-MS 和 TIMS）使得 U-Pb 定年在早期和晚期成岩胶结物上的应用取得成功（图 2.18）。这是一个强大的工具，肯定会变得非常有吸引力，并将有助于把各种数据化的成岩相表示在埋藏曲线上（图 2.23）。通过该方法，结合其他成岩信息（从稳定和放射性同位素和流体包裹体分析得出），甚至可以对埋藏模型进一步校准。

对成岩相，特别是孔隙空间的表征大多在二维薄片上完成，导致大多数情况下形状发生错误和体积表现不精确。通过 X 射线计算机断层扫描进行表征是未来一个重要的发展趋势，它能够在三维空间中成像和表征孔隙空间（Claes，2015）。笔者在 de Boever 等（2012）的工作基础上介绍了这种研究典型碳酸盐岩储层的方法和相关的工作流程。CT、显微 CT 方法以及三维图像分析的细节是通过描述所使用的设置、图像重建和分割以及建立等效的孔隙空间网络来处理的（图 2.21）。尽管如此，仍然可以在显微 CT 图像上进行孔隙空间分割和空间之间相互连通性的定性表征。

CT 和显微 CT 技术非常有前景，并将在不久的将来进一步发展，用于捕捉三维孔隙空间（例如通过提高采收率研究项目所进行的应用）。不过，需要提高扫描分辨率来捕获颗粒内部的微观孔隙。此外，还需要改进强度分离，以便能够更好地区分成岩相。我们还论证了将该方法与 SEM、微探针和 XRD 技术相结合的重要性（de Boever 等，2012）。三维孔隙空间表征的最终前景是提出新的孔隙分类方案，并且考虑孔隙的真实尺寸和连通性。

新一代孔隙评价方法（以及成岩矿物体积测定方法）被认为与显微 CT 技术相关，该技术基于计算机的图像分析。然而，一个重要的挑战是如何定义一个表征单元体，这已经在第 1 章中介绍了。我们将在第 3 章专门讨论定量成岩作用的方法。如果孔洞大于被检测的样品，如何表征孔隙？要确保分析的样品能够代表储集岩，应该遵循什么方法？此外，薄片和样品柱塞没有考虑裂缝孔隙，然而裂缝孔隙对碳酸盐岩储层具有重要影响。在建立储层模型时，通常通过利用油气田生产测试和基于地球物理的外推来解决该问题，但这些都未能捕获更精细的岩相和成岩分布。或者说，油藏建模中的尺度外推仍然具有很大的挑战性。在许多情况下，我们转而利用简化平均值来表示不同储层性质的混合岩相。表征单元体和尺度外推是两个研究课题，是实现成岩作用的多尺度数值模型的重要科学挑战。

2.4　成岩作用表征的研究进展

提高在不同尺度上表征碳酸盐岩储层能力的多种方法和手段正成为研究的热点。成岩过程及其对岩石性质的影响需要进一步了解。成岩相（成岩过程的结果）可以通过各种方法来精确描述。最常用的方法是结合岩相学、地球化学和流体包裹体分析。这些方法可以表征成岩相和岩石形成时的主要物理化学条件。因此，可用的分析方法和不断增强的技术不仅能够取得更好的成岩表征效果，还揭示了相关过程的机制，以及它们对储层性质的最终影响。

野外观察（或岩心调查）是任何成岩作用研究项目的起点。因此，应该改进野外（岩心）数据收集，这些都要基于露头（或岩心）进行大量的调查和观察。根据经验，减少样品（和材料）数量是一种趋势，并且应该同时增加它们的代表性意义。此外，需要为每项研究尝试定义表征单元体（REV）。

计算机辅助岩相分析（常规显微技术以及 SEM-EDS、EMPA）和图像分析是提高成岩作用表征效率和精度的未来发展之一。主要目标将是进行更快和更系统的表征（沉积和成岩特征，包括孔隙）。

对于围岩和成岩相的地球化学及矿物学评价，仍然需要新的分析技术。EMPA 是表征碳酸盐岩中矿物学变异性分布的有力工具。镁和团簇氧同位素分析开始分别应用于约束成岩流体的性质和成岩相沉淀的温度。U-Pb 法已被证明适用于成岩相的测年。团簇氧同位素分析结合 U-Pb 定年不但提供了成岩相更精确的表征，而且也为埋藏史校准提供了合适的替代方法。这对于在埋藏模型上叠加成岩阶段和调整相关数值模拟非常必要。

岩心和样品的三维扫描（通过计算机断层扫描）当然有望实现更好的性能和更高的分辨率（例如捕获胶结物相）。孔隙的描述和分类一直与围岩结构有关。目前的技术可以直接表征孔隙空间，并在三维空间（例如显微 CT）中进行表征。这将不可避免地产生一种创新的方法来描述和分类储集岩中的孔隙空间。新的分类方案应与相关渗透率有更好的联系。

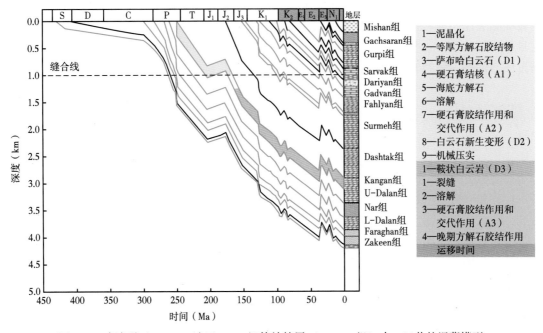

图 2.23　伊朗海上 Salman 油田 Khuff 组等效储层（Kangan 组）中一口井的埋藏模型，
图中还给出了不同成岩相叠加在埋藏模型上的简化形式（据 Peyravi 等，2014）

3 定量成岩作用

经典的成岩作用表征方法和概念模型是定性的，不能获得以供油藏工程师直接用于岩石分类和地质建模的定量数据。如图 1 所示，三步工作流程（表征—量化—模拟）旨在预测相关成岩过程对储层性质的影响。这种方法的实际目的是改善岩石分类和碳酸盐岩储层建模。根据明确的成岩作用过程，可以采用几种方法来定量评估它们对储层的影响（Jones 和 Xiao，2005；Youssef 等，2007；Algive 等，2009；Consonni 等，2010；Lapponi 等，2011；Barbier 等，2012；de Boever 等，2012）。

定量成岩作用是一个研究领域，旨在对碳酸盐沉积物或岩石的成岩作用结果（影响）提供数值。其中，表征则关注于成岩作用的描述和分类（见第 2 章）。在此，笔者着重介绍各种可用于获得定量或半定量数据的技术。这些信息不但可以构建数值模型，而且对验证模拟结果具有重要意义。同时，这些信息还与油藏工程和岩石物理学具有非常微妙的联系。

3.1 最新技术

3.1.1 岩相学（柱塞/样品尺度）

要对成岩相和孔隙进行经典描述（特别是通过岩相学分析的方法），就必须通过定量的方法而不是定性的方法来实现。通过视觉估算和绘制百分比分布图，可以对岩石基质、粒屑/ 颗粒和孔隙度进行第一手的定量估计。图像分析也可以提供帮助，因为它可以对岩石成分进行快速估计。目前普遍使用如 "JMicro Vision" 这样的免费软件，它可以对各种图像进行描述、测量、量化和分类，能够分析岩石薄片的高清晰度图像（http：//www.jmicrovision.com）。Matlab™还可用于对显微照片或薄片进行定量测量。方解石、白云石和硬石膏以及石英、长石和黏土可以相应地量化。岩相学家甚至可以更进一步应用相同的方法来量化粒屑或颗粒（海百合、藻类、孔洞、腹足类等）、胶结物和交代矿物相的类型。通常，这些岩石相中的一部分可以通过使用丰度等级（例如稀有、常见、丰富）来半定量地估计。

孔隙类型也可以按照相同的方法（目视估计、图像分析）进行量化。首先需要估计样品（薄片）中的总孔隙度，然后估计各种类型孔隙的孔隙度（例如上面讨论的原生、次生和亚类型）。它们的总和应等于所调查样品的总孔隙度。SEM 在这方面非常有用，即使该方法是定性的，它也能评估样品的孔隙的连通性，包括微孔隙度（通常在颗粒中具有）。此外，SEM 图像可以获得很高的分辨率。

碳酸盐岩结构的 SEM 图像已用于对特定类型的孔隙空间（例如粒间宏观孔隙、粒内微观孔隙）以及胶结物类型（例如颗粒周围的胶结物、均质胶结物填充的溶解颗粒）进行定量评估（图 3.1）。最近，该方法与岩石物理分析（MICP、NMR；Fleury 等，2007）以及微聚焦计算机断层扫描（显微CT）（Youssef 等，2008）相结合。van der Land 等（2013）在薄片上使用 SEM 二维图像来构建能够模拟碳酸盐岩渗透率演化的孔隙网络模型。在定量成岩作用方面，这些方法在二维研究、岩石物理分析（如 MICP）以及三维模型之间提供了强有力的联系。

薄片定量描述的最终成果通常是各种元素的百分比值和丰度等级的表格（表 3.1 至表 3.3）。几十年来，石油公司的岩石学家一直在这样做，得到了大量的数据。例如，中东的一个典型的油气田将

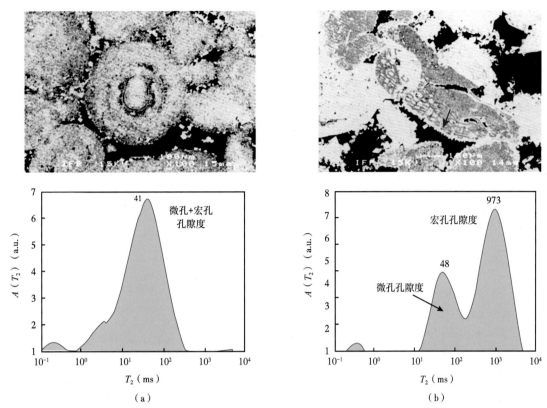

（a）　　　　　　　　　　　　　　　　（b）

图 3.1　两种典型碳酸盐岩的扫描电子显微镜（SEM）显微照片和核磁共振（NMR）T_2 分布图，具有双峰
孔径分布（微孔/宏孔孔隙度）（由 IFP-EN 岩石物理小组提供；据 Fleury 等，2007；Youssef 等，2008）

（a）Lavoux 石灰岩（颗粒灰岩）的微孔和宏孔孔隙具有一定的连通性，导致 T_2 分布图呈为一个峰（孔隙度为 28.7%，
渗透率为 90mD）；（b）Estaillade 石灰岩（颗粒灰岩）显示方解石胶结物环绕在颗粒周围（箭头），将粒内微孔与粒间宏
孔断开——在 T_2 分布图上显示为两个峰值（孔隙度为 24.7%，渗透率为 273mD）

表 3.1　用于描述碳酸盐岩微相的各种岩性和结构类别（薄片）

研究/数据井，样品，深度（ft/m），TVD（ft/m）储层单位	岩性（%）	岩石结构（数字代码）		颗粒（数字代码）	
				骨架	非骨架
	石灰石	粒状灰岩		有孔虫	似球粒
	白云石	泥粒灰岩		藻类	鲕粒
	硬石膏	泥灰岩	颗粒大小	海绵	内碎屑
	二氧化硅	泥岩	分选	海胆	外碎屑
	黏土	—		介形虫	玻璃质
				—	石英
					黏土
	沉积构造（数字代码）				
	叠层石	窗孔	生物扰动	干燥	缝合线

注：岩性（例如石灰岩、白云岩）通常以百分数（%）表示；而其他类别的丰度（例如粒状灰岩、分选、海绵、鲕粒）用数字代码定性地描述；选择数字代码来表示最具代表性的值（1=泥岩，2=砂岩，3=泥粒灰岩，4=粒状灰岩），或表示丰度（0=无，1=稀有，2=常见，3=丰富）。

有几十口取心和测井数据（甚至几百口）。现在的油井岩心都是 CT 扫描的（有些甚至用显微 CT 扫描）。然后，每英尺都进行岩心取样，为非破坏性的岩石物理测量（流体孔隙度、氦气渗透率）提供柱塞样品。从这些柱塞中制备薄片，并通过经典岩石学的方法进行分析。破坏性岩石物理分析（例如MICP）最后应用剩余样品。定量和定性微相描述的结果以及相应的岩石物理数据（表 3.1 至表 3.3）可以用 Microsoft Excel 进行统计，在测井表格上呈现，并用于统计分析。此外，它们与相关的测井组一起使用，以识别不同的岩相和岩石类型。

表 3.2　岩石微相中胶结物描述类别（岩石薄片）

	方解石胶结（%/DC）	碳酸盐岩胶结物（%/DC）				其他胶结/充填
	总计（%）	总白云石胶结（%）				
		白云石交代			白云石胶结	
		形状	大小			
研究/数据井，样品，深度（ft/m），TVD（ft/m），储层单位	针状/纤维状（DC）狗齿纹/刀片式（DC）等块状/晶簇状（DC）共轴增生（DC）		隐晶（<16μm）			沥青（%）菱铁矿（%）
			微晶（16~64μm）			
		他形（DC）	细晶（64~250μm）		原生孔隙填充（%）	
		半形（DC）	中晶（250~500μm）		次生孔隙填充（%）	
		自形（DC）	粗晶（>500μm）			
		块状				
		总硬石膏胶结（%）				
		硬石膏交代			硬石膏胶结	
		形状	大小			
		块状	细晶（64~250μm）		原生孔隙填充（%）	
		球状	中晶（250~500μm）		次生孔隙填充（%）	
		板状	粗晶（>500μm）			

注：胶结物（方解石、白云石、硬石膏等）的总量通常以百分数（%）表示，而其他胶结物的丰度分类（如胶结物类型、形状、尺寸等）用数字代码进行定性描述；选择数字代码表示最具代表性的值（1=四面体，2=半自形，3=自形），或表示丰度（0=无，1=稀有，2=常见，3=丰富）。

表 3.3　微相储层性质的描述分类（薄片）

	原生孔隙度		次生孔隙度			
	总计（%）		总计（%）			
研究/数据井，样品，深度（ft/m），TVD（ft/m），储层单位	晶间的（DC）骨架的（DC）非骨架的（DC）	胶结的（DC）自然胶结（C*）	白云石			裂缝
			内结晶	胶结的（DC）		胶结的（DC）
			洞穴	自然胶结（C*）		自然胶结（C*）
			方解石			裂缝
			粒内的	胶结的（DC）		胶结的（DC）
			基质（点状包体）	自然胶结（C*）		自然胶结（C*）
			铸模			
			洞穴			
	伴生体孔隙度和渗透率					
	总计（%）	连通的（DC）	孤立的（DC）	流体孔隙度（%）	氦气渗透率（mD）	

注：孔隙度总量（原生、次生）通常以百分数（%）表示；而其他孔隙度类别的占比（例如孔隙类型、胶结/填充、连通、……）用数字代码定性描述（DC，0=无，1=稀有，2=常见，3=丰富）；胶结物性质（C*，在原生/次生孔隙内）用字母代码表示（例如 C 为方解石，D 为白云石，A 为硬石膏）；相应的流体孔隙度（%）和氦气渗透率（mD）（通过对柱塞样品进行岩石物理分析获得）也添加到描述列表中。

3.1.2 岩相学（储层尺度）

微相（例如岩性、结构、胶结物、孔隙）的定量/定性描述可以产生大约 80 个参数［例如白云石含量百分比（%）、白云石大小、硬石膏胶结物百分比（%）、洞穴孔隙度］。Arab 组 C 段和 Arab 组 D 段储层（侏罗系，中东）的总厚度分别约为 100ft（≈30.5m）和 500ft（≈152.4m），取自储层的岩心可能包含 100~500 个样品柱塞和层段（来自一口井的）。由此得到的描述列表分别包括 8000 个按深度取样的岩石薄片和 40000 个描述性参数（表 3.1 至表 3.3），因此油气田需要建立包含大量信息的庞大数据库。

统计分析软件包（例如 EasyTrace™，IFP Energy Nouvelles）通常用于分析此类数据量庞大的数据库测井曲线，并处理数据关系。在这个过程中，井的定义及其核心数据被离散化和组织化，使得它们在被研究的油气田范围内具有适当的相关性，例如，某油田中钻至 Arab 组 D 段的几口关键井反映了不同的沉积环境，并定量地显示出垂直和横向分布的岩性（即石灰石、白云石、硬石膏）（图 3.2）。此外，通过观察这些测井曲线，可以直接评估普遍存在的岩石结构、岩性和孔隙度（以及其他参数）之间普遍存在的关系。图 3.2 的数据来自至少 1500 个岩石薄片的数据（5 个参数，7500 个值）。

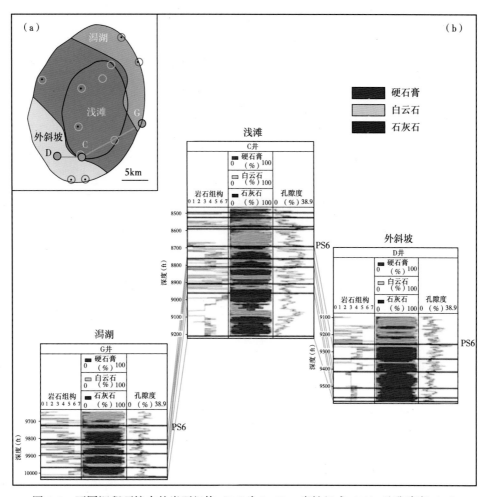

图 3.2 不同沉积环境中的岩石组构（DC 为 0~7）、岩性组成（%）及孔隙度（%）
（由 Easy-Trace™ 软件基于薄片的岩相分析）

使用统计分析软件包还能更好地对岩石类型（和岩相）进行分类。相应地可以绘制直方图和图表，以显示沉积学和成岩相对孔隙度和渗透率的影响（图 3.3）。软件还可以在一个油田中的几口井之间进行数据的相关性分析。通过关联某些参数，可以定义它们的趋势。然后可以将大量的、广泛分布的数据细分为若干具有逻辑关系的类。例如，通过分析一个油田十几口井中约 10000 个薄片的数据，所有这些薄片都在 Arab 组 D 段储层（侏罗系，中东地区）内，丰富的共生胶结物与具有颗粒支撑结构、相对较高孔隙度和渗透率值的石灰岩岩性有关（图 3.3）。

比例分布图提供了一种显示定量/定性数据的方法。受深度（和地层位置）制约的预估数据通过 ArcView GIS、GOCAD 或其他类似软件进行绘制（Liberati，2010；Nader 等，2013）。井的位置代表准确的（预估）值，而井之间的面积将根据比例给出相对值。这些分布图也可以使用地质统计数值方法进行升级（下面将在第 4 章讨论）。

使用 Arab 组 D 段储层的相同数据集（图 3.3），针对特定地层序列并根据主流的岩石结构（图 3.4）构建了白云石含量分数的比例分布图。已知 Arab 组 D 段储层已知包括非常少量的白云石，并且主要由石灰岩组成（Morad 等，2012）。白云石含量高的（>20%）只分布在北部，且岩石为泥质支撑结构（图 3.4c），而在颗粒结构中没有发现大量的白云石（图 3.4a、b）。

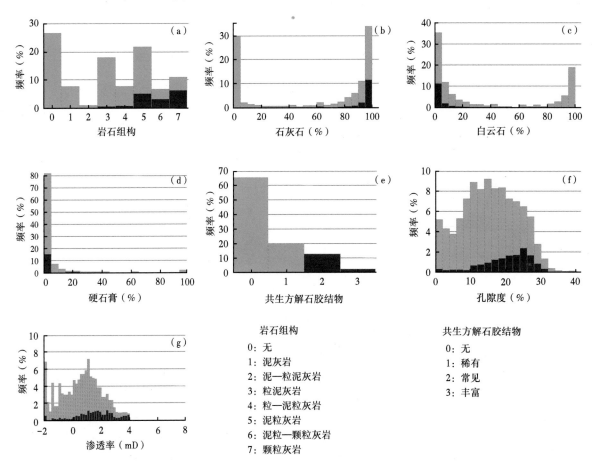

岩石组构
0：无
1：泥灰岩
2：泥—粒泥灰岩
3：粒泥灰岩
4：粒—泥粒灰岩
5：泥粒灰岩
6：泥粒—颗粒灰岩
7：颗粒灰岩

共生方解石胶结物
0：无
1：稀有
2：常见
3：丰富

图 3.3　基于来自 13 口井（Arab 组 D 段，中东地区）的 10000 个薄片（和样本）的井数据的统计分析
与［常见］和［丰富］SCO 对应的数据为红色

我们还可以绘制某些成岩相的相对含量分布图。现已统计证明，Arab 组 D 段石灰岩中的共生过度生长胶结物与较高的孔隙度和渗透率有关（图 3.3），整个研究区域的相对含量分布很有趣（图 3.4）。由于它主要存在于粒状岩石结构中，使得其在泥质支撑结构中的比例分布图（其中也发现白云石；图 3.4c）表现为无（图 3.4f）。这种胶结物的最高相对丰度位于研究区的西北部（左上角），为泥粒灰岩—颗粒灰岩，北部/中部为粒泥灰岩—泥粒灰岩。有趣的是，这些区域正是解释的原始潟湖和浅滩沉积环境（图 3.2a；Morad 等，2012）。

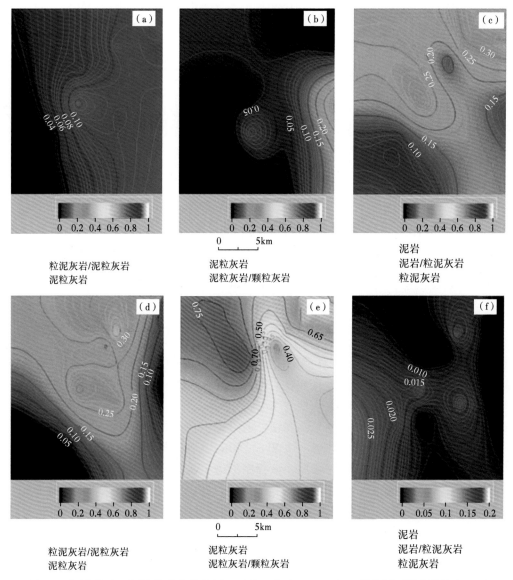

图 3.4　阿布扎比（阿拉伯联合酋长国）近海一个油田 Arab 组 D 段储层不同岩性的白云石含量分布图（a 至 c）和共生方解石胶结物含量分布图（d 至 f）（据 Nader 等，2013）

图中平均深度为 3000~4000m

　　上图显示了泥质支撑结构白云石的分布，以及大多数颗粒支撑（石灰岩）岩石结构中方解石胶结物的相对含量。如果白云石化作用被证明可以改善 Arab 组 D 段的储集物性，那么类似的定量/定性图则可能显示储集物性较好的区域。同样，假设共生方解石胶结物的含量可以代表储集岩具有更强的渗透性，那么对于颗粒支撑（石灰岩）相（在 Arab 组 D 段）同样适用上述方法。这是一个在油田尺度上定量（或半定量）评价微相的例子。这里没有提出储层物性的预测方法，而是使用静态插值来呈现区域地质数据并推断储层和成岩趋势。

3.1.3　矿物分析（X 射线衍射）

　　X 射线衍射技术与 CELL 和 Rietveld 精细化技术相结合，实现了矿物量化、结晶特征研究和白云石化学计量的评估（Turpin 等，2012）。这种技术主要用于对样品中的矿物相进行定性评估（见第 2 章）。通过适当的校准，可以使用 X 射线衍射图上观察到的峰来量化相对于原始粉末样品中的各种矿物的含量（图 3.5）。这是通过将粉末样品与已知量的内部标准纯矿物（例如氧化铝）混合，并对整个样品进行分析来实现的。

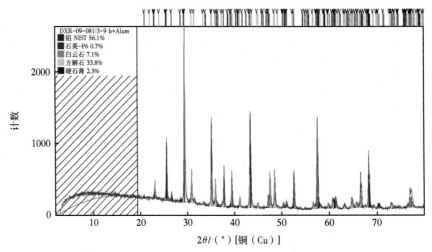

图 3.5　XRD 和 Rietveld 图显示了法国 Jura 的三叠系碳酸盐岩中方解石、
白云石和硬石膏的定量评估（据 Turpin 等，2012）

　　首先用 SEM-EDS 技术或 EMPA 对样品的代表性薄片进行研究，以评估其矿物成分。通过这些方法可以表征矿物的化学计量（或结构）变异性。随后再耦合 XRD-Rietveld 方法则能够精确、定量地进行矿物测定（Turpin 等，2012）。

　　白云石晶体中的阳离子置换，特别是钙和镁，通常发生在成岩过程中，这会改变矿物的化学计量比。通过测量白云石晶体的晶胞参数（$a=b$ 和 c）和应用"Lumsden（1979）方程"（见第 2 章）来评估。Turpin 等（2012）编写了一种程序，该程序汇编了与各种白云石的晶格中钙百分比相关的涉及晶胞参数的晶体数据。然后，使用通过晶胞细化确定的白云石晶胞参数，可以计算白云石化学计量比（图 3.6）。

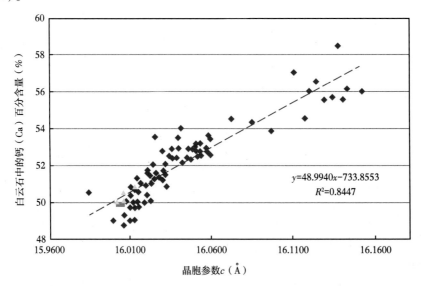

图 3.6　白云石化学计量比［白云石中的钙（Ca）百分含量］与白云石晶胞参数的交会图（据 Turpin，2009）
其特征数据具有不同来源（黄色三角形表示所研究的白云石，紫色正方形是 Eugui 白云石标准，
红色菱形是已经发表的数据）；最佳拟合线可用于确定白云石化学计量比

Turpin 等（2012）进一步研究了法国 Jura 三叠系上部 Muschelkalk 和 Lettenkohle 白云岩的化学计量学和晶胞参数（图 3.7）。Lettenkohle 白云石与沉积物中的硬石膏有关，还与变化较小的晶胞参数有关（通过 Rietveld 精细化计算）。与上部 Muschelkalk 白云岩相比，Lettenhkohle 白云岩单位晶胞中钙离子严重不足可能是 "a" 参数收缩的潜在原因（Rosen 等，1988）。"c" 参数的扩展之前认为与阳离子的无序（Reeder 和 Wenk，1983）或其他晶格缺陷（Miser 等，1987）有关。这是对上部 Muschelkalk 白云石的 "c" 参数变异性的一种解释，与 Lettenkohle 白云石相比，其可变性可能是由更快的结晶引起的（Rosen 等，1988）。笔者与 Warren（2000）的观点一致的是，Lettenkohle 白云岩中接近理想的化学计量比和 "c" 参数的变化很小，Warren（2000）认为，白云石在蒸发环境中形成较早，然后在经历埋藏的过程中趋向于形成理想的化学计量比和更有序的晶格。Muschelkalk 白云岩的快速沉淀（方解石置换）归因于后期成岩作用。

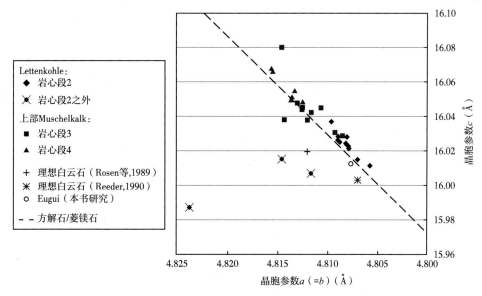

图 3.7　上部 Muschelkalk 和 Lettenkohle 地层白云石的晶胞尺寸

黑色虚线为方解石和菱镁石晶胞值的分界线，当白云石有序时，由于晶胞分离，理想的白云石位于

该线以下（Rosen 等，1989；Reeder，1990），并引入了 Eugui 白云石标准

来自 Eugui 的参考白云岩样品含有铁和锰，与 Lettenkohle 和上部 Muschelkalk 白云岩相似。用这种新方法计算的 Eugui、上部 Muschelkalk 和 Lettenkohle 白云石中的钙（Ca）百分含量和之前用 EMP 及 AAS 分析所得到的 Eugui 白云岩的研究结果一致（Turpin 等，2012）。因此，本书提出该方法同样适用于晶格中铁（Fe）百分含量和锰（Mn）百分含量较低的白云石。然而，当白云石显示出较高的 Fe 和 Mn 含量并倾向于铁白云石端时，必须小心（见图 2.9）。

3.1.4　地球化学分析（薄片尺度）

根据定义，典型的地球化学分析产生的定量数据（如 Ca、Mg、Fe、Mn 的质量分数）可以代表被研究岩石的化学特征。其中的难点是将产生的化学数据转换成关于原始流体的有用信息。这主要是由于矿物沉淀时的主要物理化学条件是未知的。尽管如此，对各部分进行独立讨论也可以还原当时的条件。在这里，主量和微量元素分析、同位素测量和流体包裹体可以提供相当多的定量数据。定量方法可用于绘制微观尺度（图 3.8）和露头尺度（图 3.10）的地球化学特征图。

基于扫描电镜的点状化学分析方法，类似于微型探针（第 2 章），可用于实现微尺度上的矿物制图（图 3.8）。第一步是采用 EDS 分析对样品的主要元素组成进行测定；然后，绘制相应的矿物组

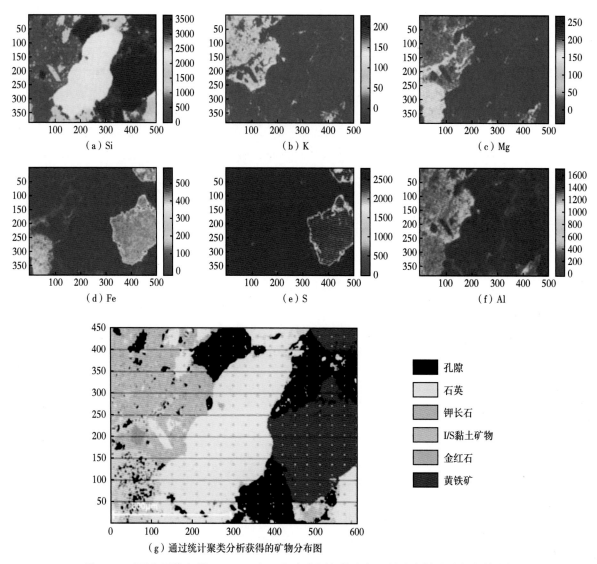

(a) Si (b) K (c) Mg

(d) Fe (e) S (f) Al

孔隙
石英
钾长石
I/S黏土矿物
金红石
黄铁矿

(g) 通过统计聚类分析获得的矿物分布图

图3.8　对下白垩统上部 Mannville 组（加拿大阿尔伯达省）的砂岩样品进行光谱分析
并绘制矿物学图（据 Deschamps 等，2012）

合。从这些二维矿物图反向重建溶解和胶结阶段，这有助于量化成岩作用随时间的演化（Deschamps 等，2012）。

3.1.5　地球化学分析（储层尺度）

　　通过白云岩前缘的详细地质（成岩）制图，可以产生宝贵的定量数据。图3.9显示了侵蚀不整合面之下的典型高温白云岩前缘的地质图（Nader 等，2007）。对这些白云岩的岩相和地球化学研究结果进行分析，不仅可以建立白云石化和共生序列的概念模型，也可以描述白云石化流体的特征（见图2.11）。通过对白云岩的进一步取样，我们可以绘制其地球化学特征图，并推断出其中较为明显的成岩趋势。

　　已知白云岩前缘样品的 Fe 和 Mn 浓度（以 μg/g 为单位）可绘制这两种元素浓度的等值线图（图3.10a）。这些等值线图显示，大多数 Fe 和 Mn 浓度的最高值出现在白云岩分布区的东南部，并且和白云岩体与 Salima 组上覆的上侏罗统鲕粒灰岩和下白垩统 Chouf 组砂岩沿侵蚀面的界面重合（图3.9）。

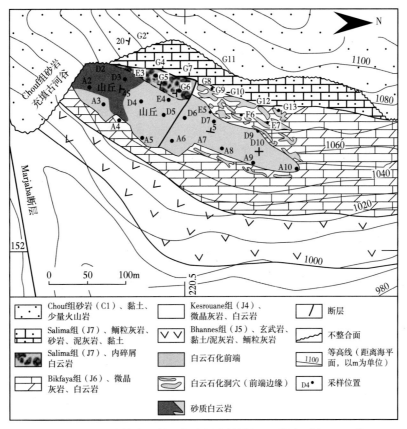

图 3.9　Marjaba 白云岩前缘及其石灰岩围岩的详细地质图（据 Nader 等，2007）

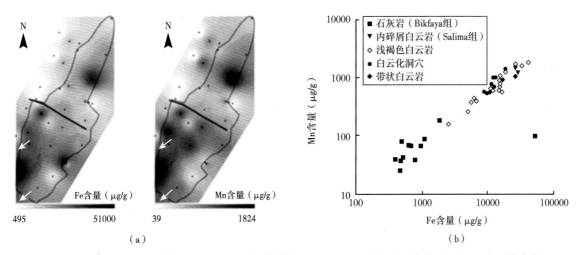

图 3.10　Marjaba 白云岩前沿的 Fe 和 Mn 浓度等值线图（a）及两者的含量交会图（b）（黎巴嫩中部）

箭头指向是 Marjaba 白云岩与上覆砂岩的界面，解释为白云石的化学风化并且富集铁和黏土

（据 Nader 等，2007）；关于（a）中的比例，请参阅图 3.9

白云岩前缘主要成分的 Fe—Mn 交会图显示出线性协变的特征（图 3.10b）。Bikfaya 组灰岩（侏罗系围岩）显示出最低的 Fe 和 Mn 含量（一般分别高达 $1000\mu g/g$ 和 $100\mu g/g$）。上覆 Salima 组白云岩（内碎屑）的 Fe 浓度约为 $28000\mu g/g$，Mn 浓度约为 $1300\mu g/g$。白云石化洞穴的 Fe 和 Mn 浓度在浅褐色白云岩的 Fe—Mn 值范围内，Fe 的范围为 $5000\sim30000\mu g/g$，Mn 的范围为 $100\sim1600\mu g/g$。最高的 Fe—Mn 浓度（分别为 $40000\mu g/g$ 和 $1800\mu g/g$）与"分带"白云岩有关，其值与 Salima 内石灰

岩、浅褐色白云岩和白云石化洞穴部分重叠。

正如在薄片和 SEM 分析中观察到的那样，这些元素浓度高反映了晚期成岩作用中 Fe—Mn—氧化物/氢氧化物的存在（Nader 等，2007）。事实上，先存白云岩前缘中的生长带发生了晶内选择性溶解，随后出现了 Fe—Mn 氧化物/氢氧化物沉淀相。Fe 和 Mn 被认为来自与土壤相关的含氧的近地表流体，这可以解释它们在侵蚀面附近表现出最高浓度的现象（图 3.10a）。后来随着上覆地层的沉积和更深的埋藏，流体变为具有还原性，铁导致铁质白云石相的沉淀。因此，绘制白云岩前缘的 Fe/Mn 浓度等值线图有助于更好地了解白云岩前缘的成岩演化。特别是，它有助于约束白云岩前缘（或"浅褐色白云岩"）形成的时间（Nader 等，2004）和发生成岩演化的主要条件。图 3.9 是 Marjaba 白云岩前缘及其石灰岩围岩的详细地质图（Nader 等，2007）。Nader 等（2007）还介绍了各种白云岩相及其分布。

Nader 等（2007）的研究表明，在早白垩世 Chouf 砂岩沉积之前，近地表含氧水和与土壤相关的水通过靠近侵蚀面的浅褐色白云岩渗入，导致白云石发生溶解，然后在溶解空间内沉淀 Fe—Mn—氧化物/氢氧化物。因此，浅褐色白云石化作用最早发生于下白垩统 Chouf 组（约前 Valangian）。这表明受白云石化作用导致储层物性变好，这在白垩纪后期的进一步埋藏之前就已经发生了。尽管如此，白云岩前缘储层尺度的地球化学制图或许可以更好地解释该地质体的内部非均质性。沿剥蚀面分带的白云岩已被 Fe—Mn 氧化物/氢氧化物相和黏土明显填充，并使白云石储层单元中的障壁带与回流白云石化有关的初始硬石膏沉淀类似。

3.1.6　地球化学分析（盆地尺度）

Fontana 等（2014）记录了阿拉伯联合酋长国北部二叠系—三叠系碳酸盐岩的流体流动历史和成岩演化。这些岩石相当于阿拉伯板块中 Khuff 组的含气储层。大型碳酸盐岩台地沉积相似乎都叠加了成岩作用。此外，由于构造演化和相关流体—岩石相互作用的影响，Khuff 地层的储层性质非常难以理解和预测（Videtich，1994；Ehrenberg，2006；Ehrenberg 等，2007；Rahimpour-Bonab，2007；Moradour 等，2008；Esrafili-Dizaji 和 Rahimpour-Bonab，2010；Koehrer 等，2010；Rahimpour-Bonab 等，2010；Koehrer 等，2011）。

盆地范围内的早期成岩过程，如文石溶解和围岩白云石化，目前已知这些作用增加了 Khuff 组碳酸盐岩的孔隙度和渗透率。相反，化学压实和相关的胶结作用通常在埋藏期间不同程度地堵塞孔隙（Breesch 等，2009，2011；Callot 等，2010）。Fontana 等（2014）通过整合压裂分析、裂缝填充胶结物地层学、流体包裹体显微测温以及盆地建模等方法，提供了有关盆地规模的相关成岩流体系统的详细信息。

用经典的岩石学和地球化学技术研究了成岩胶结物相（白云石、石英、方解石）。图 3.11 显示了可以观察到的胶结物填充裂缝的地层。接着可以对主要胶结物相进行取样，然后进行氧和碳稳定同位素分析。同时还分析了在相同岩石相中发现的流体包裹体（Fontana 等，2010）。

利用方解石和白云石的分馏方程、流体包裹体的均一温度，以及主要碳酸盐岩成岩相的氧稳定同位素（Fontana 等，2010），或许可以约束主要的原始成岩流体的 $\delta^{18}O$（SMOW）成分的演化。此外，通过约束每种胶结物相沉淀的相对时间，可以推断成岩流体的演化。对于 Khuff 油藏，随着时间的推移和温度的升高，盆地流体的盐度增加，因为流体按照胶结物沉淀的顺序会从海水特征［约 0‰（SMOW）］演化为进一步富集 $\delta^{18}O$（图 3.11）。在早期白云石胶结物（Dc1、Dc2、Ds）的连续沉淀过程中，白云石化流体的 $\delta^{18}O$（VSMOW）值保持在 4‰～8‰之间，而当时的温度从 110℃上升到 180℃。随后，方解石胶结物（C1）由高盐度（NaCl 平均当量为 21.3%；$N=64$）的流体和 $\delta^{18}O$ 值在温度逐渐升高（150～200℃；图 3.12）时形成。

白云石和方解石胶结物沉淀的流体具有相对较高的 $\delta^{18}O$（SMOW）值，这与在流体包裹体中测量的高盐度具有很好的一致性。它们反映了在海洋环境（高达 6 倍海水盐度）中沉积以后，随着埋

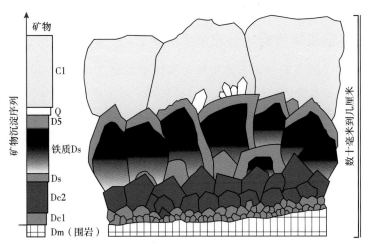

图 3.11 典型胶结物填充裂缝地层的示意图（据 Fontana 等，2014）

围岩岩石裂缝由不同类型的白云石胶结物（Dc1、Dc2、Ds、铁质 Ds）、石英（Q）和方解石（C1）填充；

图 2.3 显示了具有此胶结物特征的染色薄片的照片

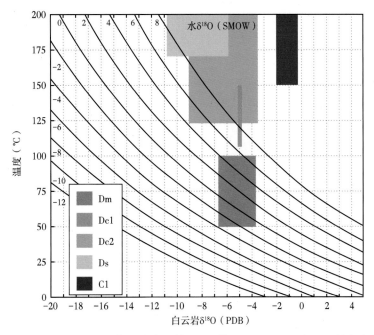

图 3.12 白云石和方解石胶结相的"母体"成岩流体［用 $\delta^{18}O$（VSMOW）表示］的氧稳定同位素组成范围

沉淀温度受流体包裹体显微测温分析的限制，而同一胶结物的氧同位素值用 $\delta^{18}O$（VPDB）值表示；

方解石的分馏方程来自 Friedman 和 O'Neil（1977），白云石的分馏方程来自 Land（1983）

藏温度（高达 200℃）不断升高，流体盐度普遍递增的现象。横跨阿拉伯/波斯湾的 Khuff 储层似乎在一定程度上受到了类似的埋藏/成岩演化的影响，含盐量和热流体越来越多（Peyravi 等，2014）。地层温度的突然上升与白垩纪主要区域逆冲断层的活动和地层快速埋藏有关（Hawasina 构造推覆；Fontana 等，2014）。这些定量信息将有助于约束盆地（数值）模型，并能够更好地理解影响 Khuff 储层的相关成岩过程。构造诱发的成岩演化确实受到盆地规模背景的充分制约。在这里，成岩作用主要受控于盆地埋藏热演化和区域构造历史的相互作用。

最后值得一提的是，"团簇"氧同位素技术（在第 2 章中描述）有助于最大限度地约束所研究成岩相的沉淀温度（其中一些不适合进行流体包裹体分析）。这项技术（以及 U-Pb 定年）肯定会提升

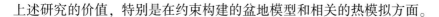

上述研究的价值，特别是在约束构建的盆地模型和相关的热模拟方面。

3.1.7 石油系统流体包裹体分析（石油系统尺度）

晶体中捕获的流体很可能是石油，石油流体包裹体是与储层油气充注有关的极好证据。目前，显微测温、共聚焦激光扫描显微镜和拉曼显微光谱经常用于研究水/卤水和石油包裹体，并将它们与成岩相和石油系统联系起来。结合一维埋藏模型，还可以确定捕获这种包裹体的时间。

在某些矿物相（如裂缝充填胶结物）中，包裹体可能含有液态水+蒸汽和液态石油+蒸汽，甚至三者同时存在。这些流体包裹体具有很高的价值，因为它们可以通过使用交叉等轴线方法（Emery和 Robinson，1993）从均一化温度估计捕获流体包裹体的温度和压力。这个过程必须对石油包裹体的 PVT 性质进行假设，通常是将它们与现场发现（和生产）的石油相对应。液态水的性质也可以用微量测温法来估计。此外，单个包裹体中的液态石油和液态水都应该被捕获在一起（即同时捕获）。两组等值线的交集代表了所有包裹体应该被捕获的压力和温度范围，该结果通常是被夸大的（即高于实际值）。

在油藏充注过程中，石油和水被同时期沉淀矿物捕获的情景——假设流体包裹体在捕获后没有改变——也在实验室中进行了模拟（Pironon，2004）。由于圈闭形成后发生了的压力或温度变化，流体包裹体通常经历了拉伸（即包裹体体积增加）或泄漏（即流体损失）的重新平衡。这种流体包裹体具有新的 PVT 条件并且仅仅记录最晚发生的最大应力事件。

通常，流体包裹体分析与数值埋藏模型（一维）相结合。油水被捕获时的压力和温度条件可以进一步受到约束（盆地规模较大的情况下），捕获过程中的静水或静岩压力状态可以在相关的温压图上进行估计（Bourdet 等，2010；图 3.13）。在这里，可以绘制保持原始状态的（图 3.13a）和重新平衡（图 3.13b）的水溶液和石油流体包裹体的等值线和等容线。等容线的交点对应于未改变的（保存完好的）包裹体的捕获温压条件和重新平衡的包裹体的后期应力事件。由于压力状态（静水的和静岩的）和温度的演变可以通过一维埋藏模型来计算（图 3.13c），因此只需将这两种方法结合起来即可。而后，位于静水曲线和静岩曲线之间未改变包裹体的等容线交叉点（图 3.13d）定义了压力和温度以及捕获时间。对于重新平衡的流体包裹体，用于定义最晚的最大压力或温度时间的方法是类似的(图 3.13e)。

Ong（2013）通过类似的流体包裹体分析结合埋藏建模，对维金（Viking）地堑（北海）油田深层硅质碎屑岩储层的成岩作用提出了新的见解。流体包裹体的 PVT 分析与盆地数值模拟同时应用确实能够重建所研究的油藏中与流体超压相关的流体运移路径（Ong 等，2014）。因此，这样就可以估计盆地规模的区域流体对成岩作用和储层物性的影响。

与流体包裹体分析相关的技术最有趣的进展可能与实验程序有关（Caumon 等，2014）。含水流体包裹体的合成类似物（例如 FSCC，熔融二氧化硅毛细管胶囊；Chou 等，2008）已经被用来模拟流体包裹体（Ong 等，2013）。因此，矿物可以在特定的温度和压力条件下捕获流体。无论如何，这种方法既可以用于油气田规模上，也可以用于约束盆地模型。

Girard 等（2014）于 2014 年 7 月 4 日在巴黎举行的"Journée Thématque ASF"会议上提出了一种颇为有效的新方法（PIT-AIT），包括合成共生石油和含水流体包裹体，并重建它们的压力和温度变化曲线。以后这种方法将应用于石油储层，并且能够约束烃类充注的时间、超压开发以及捕获油气时精确的温压条件。

下面对三维扫描（CT 和显微 CT）与图像分析进行详细论述。

经典的岩石学技术可以提供成岩相的详细定量描述，但只是限定在薄片制备过程中随意选择的二维视域。X 射线（显微聚焦）计算机断层扫描（显微 CT）可以用来成像和量化三维岩石组构，并详细描述复杂的三维孔隙网络几何形状（Mees 等，2003；Youssef 等，2007，2008；Claes，2015）。

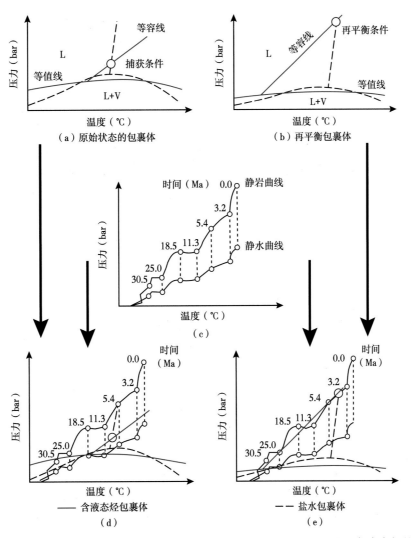

图3.13 通过岩石学、流体包裹体分析和一维数值埋藏模型（c）、测定未改变（保存完好的，a和d）、重新平衡（b和e）液态水（含水）和石油流体包裹体形成时间的工作流程（据Bourdet等，2010）

de Boever等（2012）利用显微CT对典型碳酸盐岩储层的主要成分进行量化，实现了成岩演化不同阶段三维孔隙结构几何形态的准确描述。对于具有代表性的样品子体积，孔隙和定量XRD测量（结合SEM-EDS和EMPA）与基于显微CT图像的定量结果之间可以达到很好的一致性。通过模拟和测量的绝对渗透率以及压汞毛细管压力（MICP）之间的对比，可以进一步验证重建的等效三维孔隙网络是否合理，就像先前对其他砂岩和碳酸盐岩岩心（Knackstedt等，2006；Youssef等，2007）一样。然而，由于对分辨率、主观图像处理（如REV的定义）和孔隙类型变化的需求不断增加，这些技术的应用仍然受到阻碍，但都是未来发展的方向。

孔隙空间模型也可以利用扫描电镜—能谱仪（SEM-EDS）分析薄片产生的二维输入图像（van der Land等，2013）。这些图像具有更高的分辨率（与相似比例的CT图像相比；图3.1），并且可以用于推导成岩组分的空间分布统计数据，以便构建三维图像（图3.14）。这是通过使用多点统计技术（Al-Kharusi和Blunt，2008）或随机方法（Wu等，2008）的体视学手段实现的。

基于三维显微CT图像，可以对岩石结构（以及成岩相）和古孔隙结构进行重建和定量描述。相关成岩相提取的等效孔隙网络可以输入孔隙网络模型中，该模型可以量化这些成岩相的岩石物理性质。这使我们能够确定成岩相中特定时间步长的实际储层的流动特征。

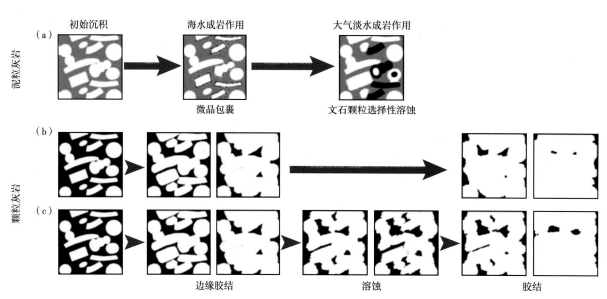

图 3.14 用于构建孔隙空间三维模型的碳酸盐岩结构训练图像（具有演化成岩作用）

（据 van der Land 等，2013，修改）

（a）在海相成岩作用期间具有选择性颗粒微晶化的泥粒灰岩，随后为大气淡水环境下文石溶解；（b）颗粒灰岩受到海洋和埋藏胶结作用的影响；（c）颗粒灰岩与海洋胶结作用，随后是大气淡水的溶解作用，然后是埋藏胶结作用；白色为固体；黑色为孔隙；灰色为微晶基质

首先，CT 设置必须通过调整工作流程来识别特定的矿物学或孔隙度阈值（Rosenberg 等，1999）。只有一种矿物组成的样品不能通过 CT 扫描提供关于现有成岩相的有用信息。由于不同白云石或方解石相的平均原子序数非常接近，因此得到的 CT 图像在灰度上没有明显的差别。

在 CT 扫描之后，重建三维图像。一旦被研究样品的组构和孔隙分布在直径 23mm 柱塞的 CT 图像中均匀出现，就可以钻出直径 5mm 的小型柱塞用于高分辨率显微 CT。根据 23mm 柱塞 CT 扫描的视觉研究，通常可以主观地确定小型柱塞的确切位置。在柱塞中提取两个相邻的体积为 1000×1000×1000 像素的单元，例如在直径 5mm 小型柱塞的中间部分（总体积只有几立方毫米）。然后，通过几个体积的增量尺寸（图 3.15）计算孔隙度，用来表示表征单元体（REV）尺寸；约 5.4mm³（见图 1.10）。这个 REV 值并没有考虑尺寸范围较为广泛发育孔洞（有些超出 REV 本身）。同一样

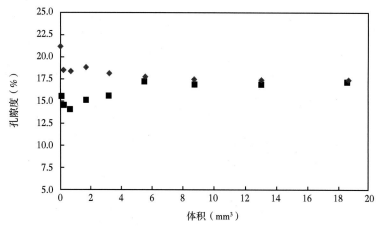

图 3.15 体积增加的孔隙度百分比的计算，以研究样品的表征单元体（据 de Boever 等，2012）
这两条曲线代表了体积的两种采样方案：围绕质心增加体积（灰色菱形）和从数据集的上表面向下增加体积（黑色正方形）（图 1.9）

品的压汞毛细管压力（MICP）曲线也被用来评估分辨率的重要性。例如，对于 3μm 的分辨率，在所研究的典型 Arab 组 C 段白云岩中只获得了 63% 的（有效）孔隙度。这样的分辨率不足以获得由 MICP 所检测到的相同样品的晶间微孔隙度。因此，使用双探测器扫描可以将分辨率提高到 1.5μm，从而获得 90% 的孔隙度，并能够清晰地对晶间孔隙连通情况进行精细成像。然而，目前仍然需要不断地提高显微 CT 扫描的分辨率（低于 0.5μm）。

对于直径约为 5mm 的样品，可以产生数以千计的图像。这些图像构成了用于重建三维体的基本要素。第二步，重建三维体的图像处理和定量分析包括：（1）可视化、分离（分割）和量化分解的孔隙空间和不同矿物相；（2）重建等效孔隙网络及其参数描述，包括孔隙网络的重建。第三步，对汞的注入和渗透性进行数值模拟。在孔隙空间划分后，建立连通模型，用于模拟汞注入并计算渗透率。这仍然是一个涉及复杂算法的重要研究领域（Yousef 等，2007；Talon 等，2012）。在一定的毛细管压力（p_c）下，通过逐步注入整个孔隙体积（可通过其孔喉进入）获得完整的排汞曲线。将模拟结果与实验室渗透率和 Purcell 汞孔隙率测量结果进行比较，可以验证重建的孔隙网络和孔隙分配的百分比。

灰度 CT、显微 CT 图像显示不同的矿物成分和孔隙度（图 3.16）。灰度直方图显示相应的峰值，并且可以通过降噪滤波器来进行改善（见图 2.20b）。因此可以在主观分割之后计算每个相的体积百分比（以及孔隙度），并与其他技术（例如 XRD、EMPA、MICP）进行比较。

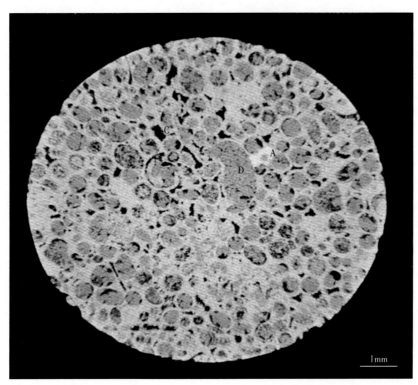

图 3.16　典型白云石化颗粒灰岩 CT 扫描的二维灰度视图

较深的灰色是构成岩石基质的白云石（具有微孔隙 D）；白云石化颗粒周围的方解石胶结物（C）
边缘呈浅灰色；硬石膏（A）为白色，孔隙（D）为黑色

孔隙网络构建包括不同步骤，如分割、体积提取、骨架化、最小直径定义和孔隙空间划分（见图 1.6）。在骨架化和孔隙划分之后，通过模拟和实测岩石物理性质的对比，可以定性评价和定量验证划分的质量。首先，比较汞注入曲线（见图 2.22）；其次更为有效的一步是，依据等效网络计算渗透率值，并将其与在直径为 23mm 的柱塞样品上测量的实验渗透率值进行比较。

孔隙划分步骤还能够计算出孔隙大小和孔隙连通性的统计数据，这有助于定量描述三维岩石组构。孔隙半径是指孔隙的体积等效球的半径。这种方法能够在一定程度上从三维角度量化异化颗粒（岩石基质的颗粒成分）、各种成岩相（具有不同的灰度，即矿物学）和孔隙度的体积。相关渗透率可通过不同类型的数值模拟（如 PNM、孔隙网络模型）进行评估。

3.1.8 地球物理学（地震和电缆测井数据）

地震和测井数据通常综合分析，以实现成岩相的定量表征，并研究成岩作用对非均质储层孔隙度分布的影响（图 3.17；Fitch，2010）。碳酸盐岩储层的成岩作用对测井曲线（如自然伽马、密度、声波时差、补偿中子和真地层电阻率）可能具有特征响应。

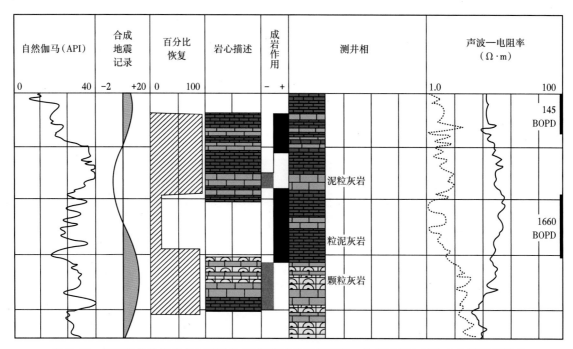

图 3.17　基于测井数据和岩心沉积学/岩相描述的岩相解释，并利用其他无取心井的测井资料绘制整个碳酸盐岩油田的岩相图（据 Akbar 等，1995）

通过测井曲线确定标志层并进行井间对比，是层序地层学研究和确定主要岩石地层单元的第一步。地层标志层通常与岩石学和岩石物理分析相结合使用（图 3.2）。此外，声波和密度测井以及声波时差数据可生成可与地震数据建立联系的合成地震记录（Sagan 和 Hart，2006；Bemer 等，2012）。因此，测井数据的获取可以与具有特定属性（如倾角、方位角和曲率）的地震反射器相关联。因此，地震反射器/层位也反映成岩作用——由测井曲线校准的。断层是流体运移的优先通道，识别它们通常使用地震数据的振幅和相干属性图（Ghalayini 等，2016）。

Lai 等（2015）的研究表明，成岩相可以"转化"为测井相，通常与由岩心分析确定的孔隙度和渗透率数值范围有关。次生孔隙度（由成岩作用形成）可以通过比较中子—密度交会图和声波时差来估计。随后，碳酸盐岩储层的非均质性可以更好地"可视化"。岩石声学分析（P 波和 S 波速度）结合 NMR 测量也被用于预测碳酸盐岩储层的流体饱和度（Rasolofosaon 和 Zinszner，2003；Bemer，2012）。

热液白云岩在地震活动中使用几何标准（如关键层凹陷、断层模式）以及地震数据振幅或频率的变化来定义。Sagan 和 Hart（2006）展示了如何将定量地震方法与测井一起用于预测碳酸盐岩的储层物性，而储层物性主要是由断层作用及流体—岩石相互作用决定（图 3.18）。

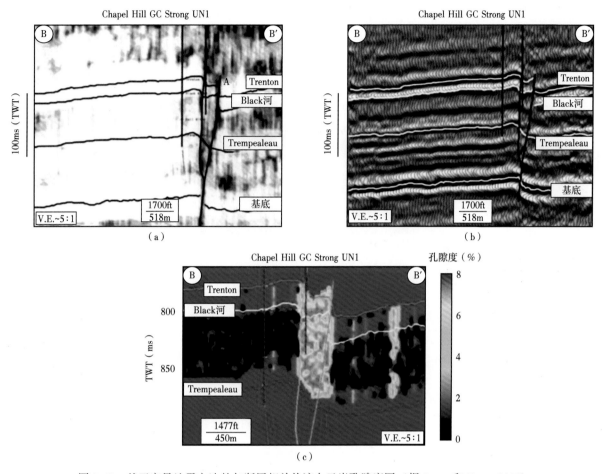

图 3.18　基于定量地震方法的与断层相关热液白云岩孔隙度图（据 Sagan 和 Hart，2006）
（a）通过地震相干体绘制具有花状结构的断层的剖面；（b）与地震振幅相同的截面；（c）计算孔隙度，
显示花状结构内发育最高的孔隙度

3.2　未来前景

　　"定量成岩作用"是一个新兴的研究领域，它结合了分析设备、富有创造性的工作流程和最新的技术发展。如果成岩过程表征的目的是将过程和与之对应的相联系起来（反之亦然），那么主要目标就是能够为这些相分配数值。这里介绍几种关键技术和有趣的定量方法。其中一些已经进入最新技术领域。

3.2.1　遥感与摄影测量

　　上面简要介绍了在柱塞尺度、油田尺度和盆地尺度进行定量成岩作用研究的最新技术。研究裸露地表的地质体可以约束非均质储层的几何形态、内部结构和成分组合（如断裂和岩相、溶解和剥蚀面）。遥感和成像方面的新技术的突破（有些还在开发中，例如激光雷达扫描、摄影测量）不仅可以获得露头与成岩作用有关的空间维度特征（结构或结构模式）方面有一定作用，还在量化方面也有一定成效（Kurz 等，2012）。

　　遥感技术与数字图像分析相结合，以便提供目标地质体亚地震尺度沉积/成岩目标的三维制图。目前，相关的远程采集是通过激光雷达或摄影测量来完成的。IFP-EN 一直参与优化基于地面和无人机的摄影测量工作流程，这些工作流程能够以高分辨率详细获得地质体的沉积结构，并将图像转换为有地理坐标参考的网格模型（储层尺度），也可以探索和定量评价裂缝和成岩特征。IFP-EN用于代表露头的三维地质模型的智能模拟方法是在储层尺度上建立的（图3.19；Schmitz等，2014）。

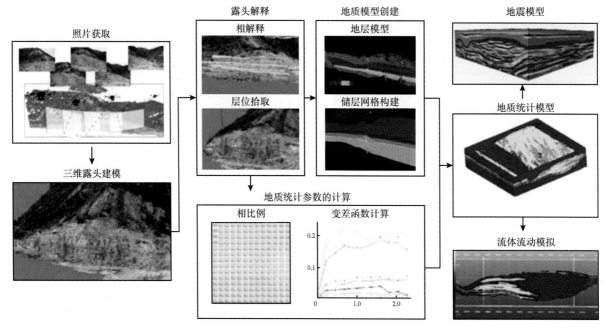

图3.19　基于露头三维摄影测量下建立的油藏模型集成工作流程：从野外采集到特征描述再到数值模拟（据Schmitz等，2014）

首先，进行实地航空和地面地理坐标参考采集（数百张地理标记照片），形成露头模型。解释后，进行属性绘制（如岩相），物体绘制（如白云岩前缘），这个过程包括露头的结构信息（如裂缝和层理走向/倾角）。从露头三维模型中直接计算出相应的地貌，并可进一步应用统计和地质统计学的计算来填补信息不足的地方。最后，也可以应用储层建模，与实际地下储层（如相/地层、地震属性、岩石物理性质）进行比较。

利用高光谱成像和图像分析（图3.20）进行激光雷达扫描，该方法在绘制Pozalagua采石场（西班牙北部；Kurz等，2012）不同化学和矿物学性质的成岩阶段图方面提供了一种可靠的技术。这种

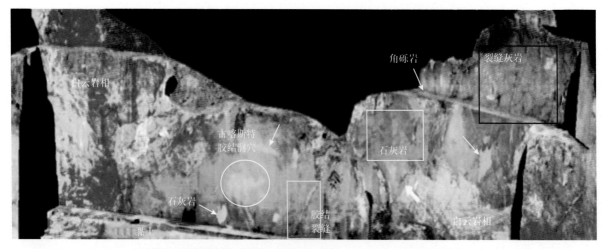

图3.20　Pozalagua采石场的高光谱图像分析和主要岩相解释（Ranero，西班牙东北部；据Kurz等，2012）

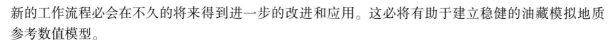

新的工作流程必会在不久的将来得到进一步的改进和应用。这必将有助于建立稳健的油藏模拟地质参考数值模型。

Kurz 等（2012）通过激光雷达扫描和高光谱成像相结合的方法，绘制了各种成岩阶段，如铁白云石、充填/胶结古岩溶洞和裂缝带。当测量可以在三维空间中实现时，这种定量方法可以直接估计体积。

3.2.2 综合数据分析工具

如今，石油工业拥有庞大的岩相和岩石物理数据库。中东一个典型的油田可能有大约 500 口井（其中 10% 做到每英尺取心取样）。如此庞大的数据库需要综合的分析工具才能正确使用。在本章中，笔者尝试介绍工作流程，包括软件，如 EasyTrace™ 和 GOCAD，这些软件能够分析岩相和相关的岩石物理数据，从分析尺度从柱塞到油井再到油田尺度（图 3.2 至图 3.4）。不过，这些信息也可能不断增加，包括其他类型的信息（如测井、地震数据、压裂模型）。测井、岩相解释结合岩石学和岩石物理研究是一种有效的方法，可以实现相关的岩石类型定量。

此外，宝贵的定量地球化学和矿物学数据有助于更好地了解储层非均质性以及成岩作用（或流体—岩石相互作用）对流体流动性质演化的影响。事实上，受同位素分析和流体包裹体约束的温度和压力条件可以建立与盆地数值模型之间的联系。

目前，行业内需要一个集成工具（基于软件），能够以一种智能的方式管理所有数据以突出它们之间的关系。由此，工具可以更好地扩展研究尺度，同时，储层模型也可以包括成岩趋势及其影响方面的内容。

3.2.3 孔隙空间模型

储层岩石孔隙空间和流体流动特性的研究必将在未来几年引起广泛关注。成岩作用对碳酸盐岩的孔渗分布起着重要作用。如果对孔隙度/渗透率关系有更好的定量认识，那么通过相关的渗透率变化就可以再现储层岩石的孔隙度演化，这是一项非常具有挑战性的任务。新的技术突破（如显微CT）也许可以直接关注孔隙网络演化，而不是研究岩石结构（随后推断孔隙空间）。

柱塞的二维二值化图像或三维显微 CT 扫描结果（图 3.14；van der Land 等，2013）（在某些实验室，分辨率低至 0.5μm）可以在三维空间中生成古孔隙结构（de Boever 等，2012）。只有当研究样品含有不同的矿物（基质与胶结相）时，后一种方法才有效，而前一种方法可以应用于多个成岩相，并且不管其矿物非均质性如何。在这两种方法中，孔隙空间的演化都与某种共生矿物有关。将孔隙系统被转化为用于计算流动特性的孔隙网络。通过直接进行数值模拟，三维孔隙空间结构可用来模拟复杂的单相和两相流（Talon 等，2012）。这种建模工作流程直接基于二值化的三维图像。通过应用达西定律和黏性能量耗散法，计算不同孔隙介质（如直通道、二维模型孔隙介质、砂岩）在显微 CT 尺度下的渗透率。更多相关详细信息，请参阅 Talon 等（2012）。

此外，孔隙网络模型（PNM）方法可用于估计储层岩石在成岩过程中多个阶段的渗透率值（Algive 等，2012；de Boever 等，2012）。然而，这些孔隙网络只是成岩作用中特定阶段真实网络的近似。此外，这种网络在性质上往往非均质性强，在传统的方法中再现这种非均质性仍然非常困难。然而，结合三维成像和 PNM（以及地球化学模拟；在第 4 章中讨论）的储层岩石定量类型以及成岩作用对流动特性影响的数值模拟被认为是有价值的。这种方法是否也能解决尺度扩展的问题？

3.3 讨 论

如第 2 章所述，成岩作用的"特征"涉及成岩相及其相关过程的描述和分类。当描述成岩相/过程涉及数值时，援引"定量成岩作用"研究。本章介绍了成岩作用定量描述的应用现状。与用于成岩作用定性表征的方法（见第 2 章）类似，也采用了一般方法（即岩石学、矿物学、地球化学、流体包裹体分析和岩石物理学）。然而，通过这些方法得到的描述性数据及所采用的工具有时是不同的。对于定量方法，笔者也描述了每种方法的使用范围。例如，无论所采用的方法是否涉及岩石学或地球化学，我们研究储层或盆地尺度的地质体都需要使用不同的方式。在多尺度成岩作用研究中，"定量成岩作用"占据中心位置，它基于适当的表征方法和概念定义，与数值模拟工具有关（图 1 所示的三个阶段的工作流程）。事实上，在建立数值模型（见第 4 章）和验证模拟结果的过程中，定量数据是必要的。我们也将在下一章中看到，该模型旨在巩固概念模型（基于成岩作用特征），并可使其改进。

岩相分析产生了大量的数据，这些数据仍然是现代成岩作用研究的基本组成部分。它们主要涉及二维薄片，并显示在日志或表格和电子表格中。笔者提到了两个程序来量化沉积和成岩特征的薄片扫描图像和显微照片。这些是通过 Matlab™ 脚本（Claes, 2015）和 JMicro-Vision 免费软件的共同使用来完成的。这些工具有助于相对快速和系统地量化异化颗粒、胶结物和孔隙度的显著特征。扫描电镜图像也可用于定量评价。它们通常与岩石物理测量（如 MICP、NMR）结合在一起，在相同的样品上进行薄片测量（图 3.1）。然而，大多数工业岩相学分析却缺乏这种程度的量化，而是依赖于视觉估算百分比、丰度等级（从无到丰富），甚至仅表示存在或无（二进制代码：1＝存在，0＝无）。根据笔者在中东（阿拉伯联合酋长国和伊朗）众多项目的经验，特编制了三个表格（表 3.1 至表 3.3），列出了岩性和结构、胶结物和储层性质在内的各种常见类别。成千上万的薄片和相关的样品（柱塞）采用这样的类别表格可以实现定量和半定量的描述。它们可以提供大量的数值（每个薄片最多 80 个参数），用于统计和研究成岩相，并将它们与岩石类型联系起来。

从一个油田的油井中获得如此巨大的岩相和岩石物理数据库，可用于储层尺度的定量成岩作用研究。当然，它们可以与测井（以及随后的岩相）相结合。定量成岩相可以通过薄片进行关联，并有助于提供统计"趋势"。笔者介绍了我们应用于阿布扎比近海油田侏罗系 Arab 组 D 段储层的工作流程（图 3.3）。该流程包含一套基于 10 口井 10000 个薄片的数据集，从而能够进行统计分析并绘制成岩相分布比例图（Nader 等，2013）。

使用适当软件（如 EasyTrace™）进行的统计分析有助于更好地理解某些成岩阶段（如胶结物类型、矿物交代）与储层性质（孔隙度和渗透率）之间的相互关系。笔者把"驱动因素"称为成岩相，它似乎与某些储层性质的变化相关。例如，在图 3.3 中，我们可以观察到共生方解石过生长胶结物（syntaxial calcite overgrowth cement，SCOC）很丰富，具有很高的渗透率。因此，SCOC 是渗透率增长的"驱动因素"。

在行业内部，经常会涉及绘制储层尺度的岩石结构和岩相图。笔者进一步阐述了如何定量绘制成岩相的比例分布图（图 3.4）。因此，可以根据数值（%）或相对丰度（从无到丰富）绘制比例图。这些图成了在视觉上、地理上关联各种参数的宝贵工具。此外，这些图对于构建数值模型也很有价值（在第 4 章的同一案例研究中讨论）。

关于 X 射线衍射技术结合 Rietveld 精细化，以及特殊的样品制备和分析方法，笔者在 Turpin 等（2012）的文献中进行了描述，并且对 Muschelkalk 和 Lettenkhole 碳酸盐岩的方解石、白云石和硬石膏含量进行了定量评估。虽然文本化的程序可以很快地应用于大量样品，但笔者建议选择性地对样品进行初步的 SEM-EDS 或 EMPA 研究，以便在进行大规模 XRD 测量之前约束矿物成分。其目的还在于将得到的定量矿物成分与测井曲线上典型的岩性分布进行比较。这仍然是一项有待于今后尝试的工作，笔者坚持认为这种方法（包括有机质定量分析）可以用来改进测井曲线的标定。此外，利用岩石热解法对碳酸盐矿物种类进行了鉴定和量化（图 3.21；Pillot 等，2014），也可以为上述工作提供帮助。将这些分析技术的结果与测井资料相结合，未来仍然是项目研究的绝佳领域。

利用电子探针进行光谱分析，可在薄片尺度上进行地球化学填图。这些还可以与新一代的 SEM-

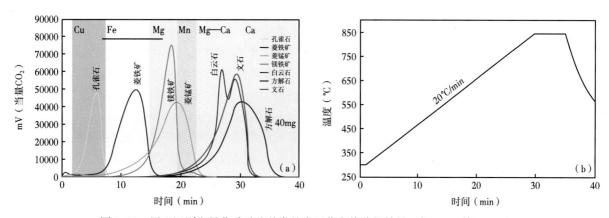

图 3.21　用于识别和量化碳酸盐种类的岩石蒸发热分解结果（据 Pillot 等，2014）

（a）获得 mV（当量 CO_2）峰，代表纯矿物标准（孔雀石、菱铁矿、镁铁矿、菱锰矿、白云石、文石和方解石）；

（b）温度在 300~850℃ 之间对应的 20℃/min 加热率

EDS（准时化学分析）相结合，从而绘制矿物含量分布图。笔者采用这种方法对下白垩统上 Mannville 组（加拿大阿尔伯达省；Deschamps 等，2012；图 3.8）进行了研究。另外，绘制整块岩石样品地球化学属性（如主量元素和微量元素组成）可以应用于储层尺度的地质体。笔者这种方法定量描述了热液白云相前缘（图 3.9 和图 3.10），并随后完善了相关的共生矿物序列（图 2.11；Nader 等，2007）。就流体在更大盆地范围内的活动而言，由此产生的含胶结物地层可揭示成岩流体地球化学成分的演化（如稳定氧和碳同位素、锶同位素、通过流体包裹体中估计的盐度）。我们已将此方法应用于阿拉伯联合酋长国的二叠系—三叠系 Khuff 岩系（Fontana 等，2014）。

第 2 章介绍了流体包裹体分析，其总体框架是通过耦合显微测温和氧稳定同位素测量来表征原始成岩流体。在本章中，笔者介绍了同样的技术，将之应用于被捕获的液态水和石油液体/蒸汽的包裹体。这就产生了一种非常有效的方法，但该方法仍在开发中，它主要采用先进的共焦激光扫描显微镜、拉曼显微光谱和数值模拟（图 3.13）。由此，我们就能够约束包裹体在矿物相中捕获的时间（即如果包裹体是原生的，则可能是矿物的沉淀）、压力和温度条件。此外，我们还可以推断烃类充注的时间和性质。这种方法和相关的工作流程在不久的将来得到进一步的发展，当然也使得我们可以进一步约束成岩相（和过程）在埋藏历史曲线上的位置（见图 2.13）。

X 射线计算机层析成像技术与图像分析相结合，可以对矿物相和孔隙体积进行定量评估。该方法的局限性主要与分辨率和强度有关。van der Land 等（2013）提出的方法是将高分辨率 SEM-EDS 训练图像输入来创建三维孔隙空间模型。吸引笔者注意的是，这种方法在结合成岩作用基础上描绘孔隙演化方面的潜力（图 3.14）。笔者在前面还介绍了我们为量化白云岩中硬石膏的体积以及 IFP-EN 的孔隙空间而遵循的详细流程（de Boever 等，2012）。在此，笔者再次面临表征单元体（REV）的问题，希望该问题能在未来的研究项目中加以解决。而最好的方法，也是笔者鼓励的方法，是将各种采集技术（如显微 CT、SEM-EDS）和图像分析相结合。

以上讨论的大多数方法和相关的工作流仍然可以在开发中持续改进。"定量成岩作用"目前仍是一个新兴的研究领域。根据笔者的个人经验选取了三个方面。首先，遥感和摄影测量方法在提供高分辨率的详细露头模拟模型（捕捉沉积、构造和成岩特征）方面被证明是有效的。集成的工作流程可以构建适当的储层模型，这些模型可以与三维反射地震立方体进行比较，并用于流体流动模拟（IFP-EN；Schmitz 等，2014）。激光雷达扫描和高光谱成像可对露头进行非常有效的"成岩制图"（图 3.18；Kurz 等，2012）。这些方法与野外工作相结合，是相当好的成岩作用研究方法。前面我们已经讨论了利用多种软件工具对大型岩相和物性数据库进行统计和成图分析的方法。提出新的综合数据分析工具（和升级现有的）在管理这些数据和其他类型的信息（地球化学、地球物理、生产测试等）时是有意义的。这对未来的软件开发人员来说无疑是一个挑战，它将有利于有关成岩作用和潜在储层模型"升级"的研究项目。定量成岩作用研究未来发展的第三个主题是孔隙空间模型。显然，这一研究领域非常有吸引力，而且它将受益于采集和图像分析技术的不断改进。最后，我提到了孔隙网络模型（PNM）方法，该方法也在 IFPEN 的开发中，并已用于估算胶结和溶解过程导致的渗透率变化（Algive 等，2012）。

最终，成岩作用的数值模拟（见第 4 章）需要基于储层尺度的稳健模拟，从而在模型构造的领域中进一步发展，集成数据分析软件能够收集最大数量的定量数据，同时改进孔隙空间和流体流动性质的三维评估。

3.4 定量成岩作用研究进展

新的方法和工作流程可以用于定量评估成岩相/过程及其对不同规模储层岩石的影响。对于获得有意义的预测地貌（可约束储层非均质性），这些技术在提供数据（可用作油藏工程师的输入数据）和验证数值模拟结果方面具有重要意义。本章介绍的大多数方法和工作流程仍在研究中，并将在不久的将来得到重大改进。

本章列举来自行业内的大量半定量/定量数据，并提出集成此类数据的某些方法（表 3.1 至表 3.3）。为了处理庞大的地球物理（测井）、岩相、地球化学和岩石物理数据库，仍然需要开发软件和数值工具。增强的数值工具应与盆地地质建模软件包相关联。这样做必将能更好地量化成岩作用及其对储层性质的影响。同样，我相信露头模拟研究（通过遥感和摄影测量）可以为理解地下储层非均质性的缺失环节提供帮助。这需要技术突破，并通过各种方法和数据集（如地球物理和流体流动模拟）构建集成工作流。深层次地讲，这种工作流程可以解决油藏建模中的"扩展"问题，特别是在露头处，获得不同尺度和确定 REVs 的想法可能得以实现。

在岩石样品（和薄片）尺度上，结合 SEM-EDS、XRD 和 EMPA 对成岩相进行定量分析的方法有可能得到进一步改善。新一代的 XRD 设备能够对矿物进行高分辨率的定量分析，但它们需要与 SEM-EDS 或 EMPA 相结合以缩小矿物观察范围。此外，还可以对不同的矿物组合（如铁白云石/方解石）进行定量评估。成岩作用的定年也需要改进，并与盆地历史相联系。通过对胶结物晶体生长和应力场（如背散射扫描电镜分析、方解石孪晶和磁化率）的定量评估，我们有望进一步了解流体流动特性的各向异性演化。

岩心和样品的三维扫描（通过计算机断层扫描）将继续发展，以便以更高的分辨率量化矿物成分（基质和胶结物）以及宏观和微观孔隙空间。更好地进行图像主观处理以及不同尺度孔隙度类型的处理都是目前和未来所面临的挑战。在笔者看来，基于孔隙空间和相关网络的渗透率建模是一种重要的方法。例如，对沿共生矿物演化路径（向前或向后）的流体流动特性进行充分的定量评估将有助于理解成岩作用对渗透率的影响。未来一项具有挑战性的任务是区分埋藏和构造压实对孔隙空间演化的影响。

4 成岩作用的数值模拟

表征成岩作用的技术和定量评估其对沉积岩的影响是相当有效的（见第 2 章和第 3 章中介绍）。成岩作用的数值模拟仍在发展中，未来将会看到这一领域的具体创新成果。基于对成岩作用及其对沉积岩影响的理解和可预测性，数值模型有望提供更好的岩石物理性质分布。在这一阶段，主要的研究目标不应局限于模拟某个成岩过程。它更应该提供一种工具，这种工具能够测试某些情景，并得出结论性陈述，从而能够执行或否定假设的概念模型，并指导进一步的油藏建模。

成岩作用的数值模拟目的是约束碳酸盐岩储层的非均质（Caspard 等，2004；Whitaker 等，2004；Jones 和 Xiao，2005；Rezaei 等，2005；Barbier 等，2012）。Whitaker 等（1997a，b）提出了模拟早期大气水成岩作用对孤立台地影响的正演模型。最近，考虑到流域尺度的建模和潜水的滞留时间对早期成岩作用的影响，对盆地规模的建模进行了规范（Paterson 等，2008）。Caspard 等（2004）、Whitaker 等（2004）、Jones 和 Xiao（2005）及 Consonni 等（2010）使用反应输运模型模拟白云石化作用。Rezaei 等（2005）计算了淡水和海水混合情况下的方解石溶解。碳酸盐岩的溶解和岩溶过程研究引起了众多采用数值模拟为手段的多学科研究团体的注意（Labourdette，2007；Rongier 等，2014）。然而，只有少数已发表的文章使用了地质统计学方法来模拟成岩作用和相关的储层非均质性（Doligez 等，2011；Barbier 等，2012；Hamon 等，2013）。

本章提出了碳酸盐岩储层成岩作用的三种主要数值模拟方法的理论基础：（1）地质基础，（2）地质统计学，（3）地球化学。

4.1 最新技术

4.1.1 基于几何的建模

"基于几何的建模"指的是对象距离和几何关联模拟。例如，Henrion 等（2010）提出的目标距离模拟方法（ODSIM）对骨架周围的三维包络进行建模。该类方法已经用来模拟白云石化岩石、胶结脉和岩溶网络（Rongier 等，2014）。

4.1.1.1 岩溶网络模拟

地下岩溶网络主要反映晚期成岩过程，它涉及碳酸盐岩的溶解。这类网络在含水层和储层的地下水流分布中起着重要作用（Chaojun 等，2010）。此外，对这种岩溶网络特征进行建模可以利用包含岩溶通道的洞穴制图来验证。热液喀斯特系统包括一些非常明显的喀斯特网络，岩石在那里发生非常迅速的溶解（Klimtchouk，2007；Palmer，2007）。此外，这种热液溶解流体通常是可探知的，并且经常与附近的油气田有关（Palmer，2007）。岩溶网络为数值模拟提供了极好的应用（Dreybrodt 等，2005），Dreybrodt 等（2005）还利用几何方法对岩溶网络进行了研究。后者能够模拟此类地质体的三维模型，从而改善地下水的可持续利用、油气勘探和生产，以及对地下工程的全面优化管理。此外，我们可以将溶洞型岩溶网络与溶洞型孔隙甚至微观孔隙空间网络进行比较：这都是涉及尺度的问题。

岩溶网络的骨架通常由洞穴制图（即具有可测量的横向和纵向尺寸的二维或三维地图；图 4.1）提供，或由考虑实际通道位置不确定性的随机模拟提供（Dreybrodt 等，2005）。ODSIM 方法计算骨架周围的欧氏距离场，然后通过随机方法生成的随机阈值——顺序高斯模拟（SGS）对其进行细化。

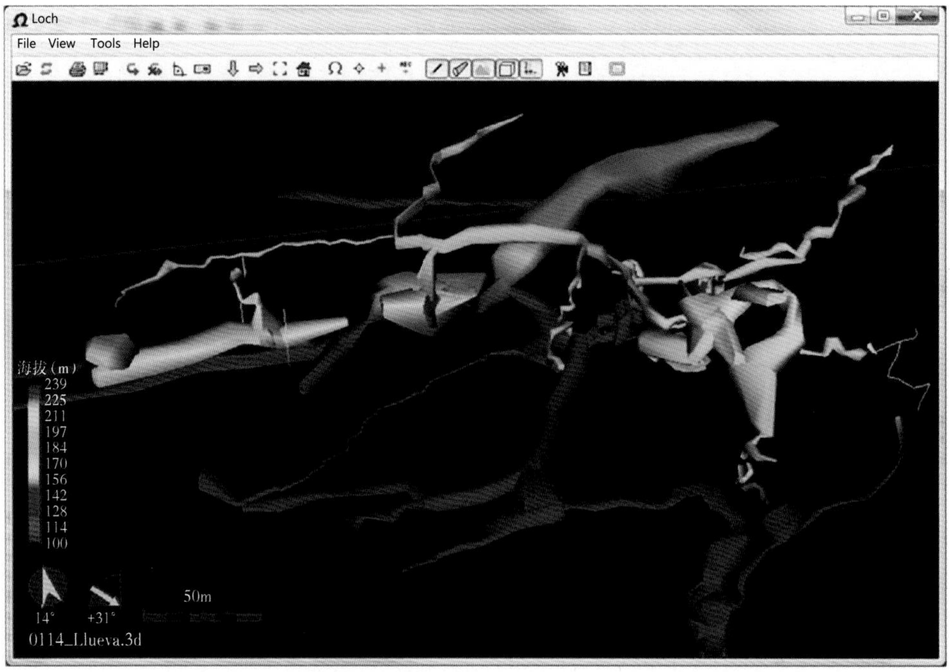

图 4.1　地下喀斯特网络（西班牙 Llueva 洞穴）三维洞穴图的示例

由带有 Survex 的 Therion 软件包（www. survex. com；http：//therion. speleo. sk/index. php）支持；三维测量基于经典的洞穴制图

Rongier 等（2014）提出了一种基于 ODSIM（作为 GOCAD 软件的插件）的新方法，能够集成一系列已知影响通道形状的地质特征。他们使用由快速行进法构建的自定义距离场，该方法关注"前缘"的传播，其传播速度已知，并受限于地貌数据。然后通过组合不同的变异函数或分布特征建立随机阈值（图 4.2）。

上述工作流程适用于对已知几何形状（如地层面、断层）有一定控制的元素，并且这些元素会造成岩溶通道产生多种变化模式。因此，该工作流程可以模拟各种岩溶形态，如顺层岩溶和断层面上的透镜体、对称垂直通道、小孔通道、纵向通道的缺口（图 4.3）。

4.1.1.2　与裂缝相关的热液白云岩模拟

前已述及，笔者在 Ranero 白云岩露头上尝试了基于几何学的与裂缝相关白云石化建模（见图 2.1）。首先，利用 GOCAD 软件建立了具有不同沉积相和 Ranero 研究区构造结构特征的地质模型。利用 Fraca™对裂缝和断层进行了进一步建模，并随后导入地质模型中（Dumont，2008）。

野外观察表明，NW—SE 向断裂（和裂缝）与主要的热液白云石化过程（即白云石化流体的流动路径）有关。此外，还可以测量白云岩体与这些主要断层的距离（通过野外测绘和卫星图像分析）。因此，与 ODSIM 方法类似，可以对 Ranero 白云石进行建模，同时，NW—SE 方向的裂缝代表白云石优先形成的位置（图 4.4）。

通过模型所得到的白云岩主要沿着研究区域北部和南部的模拟裂缝分布（图 4.4 中的黑色轮廓）。这与现场观察结果相矛盾，即南部区域只在石灰岩围岩中有相对狭窄的白云岩带（见图 1.8）。此外，北部中的两个亚带（一个较高的台地和一个斜坡；图 4.5），在同一条 Ranero 主断层的周围，白云岩岩体分布非常明显。台地在结构和地层上高于斜坡（Nader 等，2012）。因此，较大的白云岩岩体可能代表热液白云岩的一般几何结构（Davies 和 Smith，2006；沿着断层向上有较大的白云岩岩体）（图 4.5）。白云岩在台地地区分布更广也可能与白云石化发生前具有更高渗透性的地层有关（Dewit，2012）。

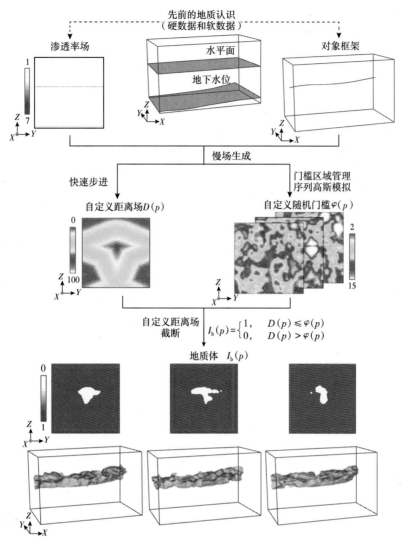

图 4.2　改善喀斯特网络 ODSIM 的工作流程（据 Rongier 等，2014）
在应用数值方法约束模拟地质体（这里是一个岩溶通道）的几何结构之前，应考虑地质数据

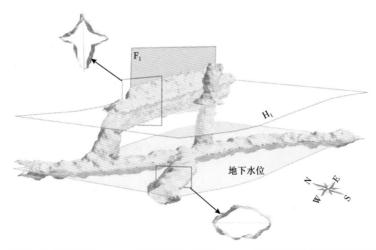

图 4.3　通过考虑层理面（H_1）地层特征、断层（F_1）构造特征和与最底层通道平行的
"引力等高面"（地下水位）来建构含岩溶网络骨架的模拟包络线（据 Ronger 等，2014）

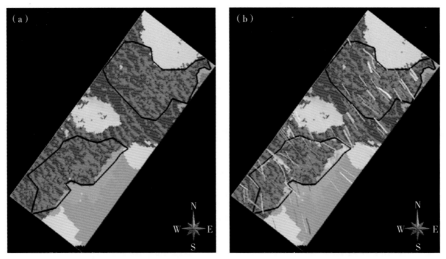

图 4.4　Ranero 模型（6000m×2000m）的俯视图显示了两个研究区域（黑色轮廓）和原始沉积相
（绿色：石灰岩；蓝色：页岩；黄色：砂岩）内白云岩（棕色）的分布（据 Dumont，2008）
模拟白云岩分布与 NW—SE 向裂缝/断层在横向上具有相关性

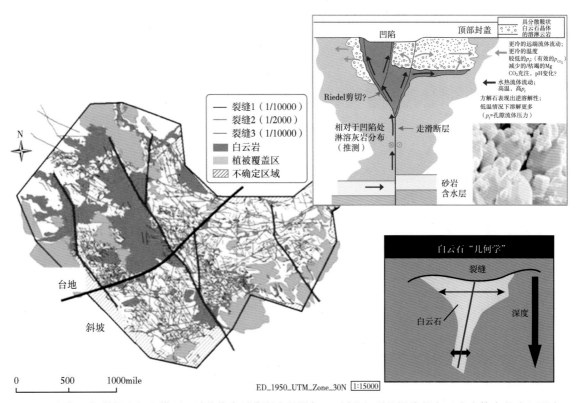

图 4.5　根据现场数据和概念模型，随着优先层位深度的增加，对断层/裂缝沿线的白云岩岩体产状应用距离
递减方式进行控制，可以进一步约束与 Ranero 断层相关白云岩的分布（顶部封盖；据 Davies 和 Smith，2006）

断层相关白云石化的概念，随着优先层位（如主岩层顶部）深度的增加，白云岩体积减小，这种情况下可以用基于几何的方法进行建模。

因此，野外绘图和航空图像分析以及对断层相关热液白云石化作用概念的理解（Nader 等，2012；Shah 等，2012；Swennen 等，2012），在 Ranero 的案例中给出了进一步的约束参数，这些参数涉及白云石岩体的大小和几何形状。通过应用这些约束条件，同时考虑岩体到裂缝的距离，由此得到的模型更加真实。因为它显示了研究区域北部较大白云岩地质体（图4.6），这跟现场的观察如出一辙。

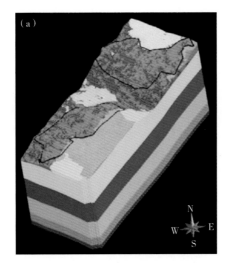 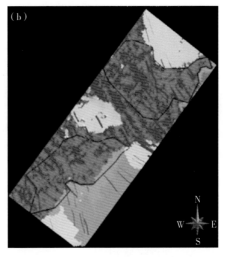

图4.6 经过 NW—SE 断层和垂直几何约束因素构建的 Ranero（6000m×2000m）白云岩分布模型

（a）三维模型的立方体视图，显示了地表附近的白云石分布；与南部地区相比，北部研究区域（用黑色勾勒）具有相对较大的白云岩体积（棕色）；（b）模拟出的白云岩分布和 NW—SE 断层的模型俯视图（此图可与图4.4b进行比较）

基于几何的建模方法并没有直接得出可预测性的认识，而是提供了静态数值模型。该方法利用几何特征的关联性，以真实的方式约束岩体分布。最后，该方法构建了一个约束良好的地貌模型，表达了对模拟对象空间分布和体积的理解程度。这一工作流程需要用适当的方法进行验证，例如绘制岩溶网络图、露头的航空摄影测量，否则它会受到显著的不确定性的影响。

4.1.2 地质统计学模型

地质统计学方法通常用于储层尺度建模，最好是基于大量数据。地质统计学模拟利用随机方法（例如脉冲高斯，多点）用已知的"精确"或"硬"数据填充控制点（例如井，露头记录）之间的空间（Doligez 等，1999）。因此，得到的模型由充满最可能的相或岩石物理性质的单元组成。这不是一种预测方法，而是一种基于概率的外推工作流程。这无疑有助于表现储层中基于概率的非均质性（见图1.11）。

在研究了地质统计学建模流程之后，可将模拟沉积相和相关的成岩作用叠加（Pontiggia 等，2010；Doligez 等，2011）。利用不同的地质统计学工作流程对成岩标记进行定量评估以获得最终模拟结果，再现储层模型中的沉积相、成岩趋势和由此产生的岩石物理特征。

该方法的总体思路是首先建立一个岩石结构分布模型，该模型可以由沉积环境的概念知识来控制。成岩标记分布是利用岩石的初始结构与其随后的蚀变（成岩作用）之间的关系产生的。如果没有证据表明这种关系，则结构和成岩作用都需要独立且随机地实现。

经典的相模拟算法通常是在基于对象和基于像素（也称为基于单元）的算法之间共享的。这里通常采用基于变差函数的方法和多点地质统计学。例如，Matheron 等（1987）将该技术成功地应用于三角洲储层模型（Doligez 等，2009）。

4.1.2.1 地质统计学参数化步骤

1）离散化

将连续数据集划分为网格采样类别的过程称为离散化。因此，可以用平均法将井眼轨迹转化为网格单元。离散化的井眼轨迹需要转化为离散化的测井数据来输入。测井离散化使人们能够在地层网格上获得测井信息。因此，白云岩、孔隙度和渗透率等性质以及经典测井曲线（如中子、自然伽马）都可以离散化。根据定量数据的性质，通常使用两种不同的平均方法来离散属性，"平均值"（如白云石）和"最具代表相"（如岩石结构、胶结物和孔隙类型）。

2）岩石结构和成岩相定义

通常通过统计分析（例如，通过使用 Easytrace™软件）将岩石结构、胶结物和孔隙度联系起来。例如，岩石结构可分为泥质结构、泥粒结构和粒状结构，而胶结物类型可分为无胶结、稀有的、常见的和丰富的类别。

3）垂直比例曲线

利用垂直比例曲线（VPC）量化每种离散类别（如岩石结构）的数量，并作为深度（沿离散井轨迹）的函数。这些是沿着网格层计算的，结果以图表的形式显示，例如，每一层岩石结构的比例（图4.7）。为了避免呈现出尖锐的边界，VPC 可以被平滑。

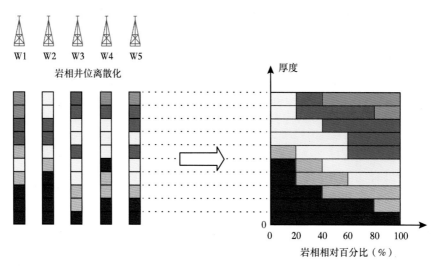

图 4.7　计算垂直比例曲线（VPC）的原理（据 Doligez 等，1999）

VPC 显示了离散化数据（如岩石结构）与深度的相对比例

4）垂直比例图

由于 VPC 是一个堆积形式的条形图（图4.7），它代表了所有井中所有岩石结构百分比的垂直分布（深度函数），垂直比例矩阵是一组宏单元（图4.8），每个宏单元包含一个 VPC。在模拟过程中，每个宏单元都使用了相关的 VPC。因此，如果在随机模拟中只使用一个 VPC，则假设岩石结构横向

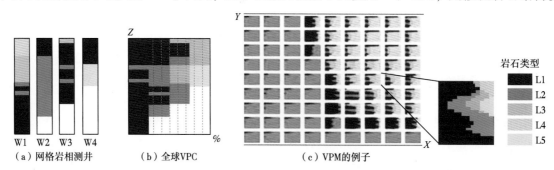

图 4.8　VPC 和 VPM 计算示意图

（a）五种不同岩石类型的初始网格化（离散化）测井曲线；（b）考虑网格化测井的垂直比例曲线（VPC）；

（c）基于（a）和（b）以及其他地质信息计算垂直比例矩阵（VPM）。VPC 计算得到的是特定深度下各相的整体比例。而 VPM 是根据当地 VPC 和更多的地质和地震信息计算出来的，从而实际产生了约束分区

上没有发生变化。我们可以使用不同方法来计算比例矩阵：（1）用 VPC 计算比例矩阵；（2）在分配 VPC 的网格内设计区域。属性图可用于约束特定相或成岩相比例矩阵的计算。

5）变异函数

变异函数（图 4.9）是分析观测结果之间空间相关性和连续性的工具。换句话说，变异函数是"地质变异性"与距离的度量。"地质变异性"在水平方向和垂直方向上有很大的差异。垂直变异性与地层或地质体的特征（如连续性、厚度）有关。水平空间的相关性与地质体相对应。单变量函数的特定距离和方向解释起来相对简单，但如果考虑到几个距离和方向，就会出现实际困难（Gringarten 和 Deutsch，1999，2001）。

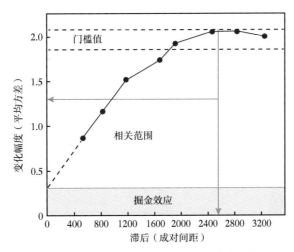

图 4.9 特征参数的变异函数示例：门槛值、相关范围和掘金效应（据 Yarus 和 Chambers，2006）

在某些情况下，地质变异性似乎没有空间相关性，这可以用确定性地质过程来解释。当变异函数的一小部分变异由随机行为解释时，这种变异函数的行为被称为掘金效应（图 4.9）。

岩石物理性质通常在空间上与沉积环境相关。空间相关性随着距离的增大而减小，最终在一定距离内不再存在空间相关性。这个距离称为相关范围（图 4.9）。

门槛值（图 4.9）是指当数据中没有趋势时变异函数的方差。门槛值是数据的方差。

6）变异函数模型

实验变异函数，其作为数据之间距离函数，将它与模型（距离的数学函数）拟合。该模型的定义（即类型）将直接影响模拟属性分布的连续性。最经典的模型有：指数模型、球面模型和高斯模型。它们或多或少能够得到连续的分布（图 4.10）。变异函数模型也可以解释各向异性（Le Ravalec 等，2014）。

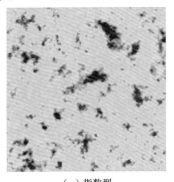 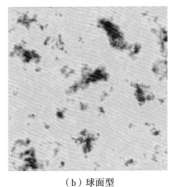 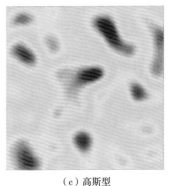

（a）指数型　　　　　　　　（b）球面型　　　　　　　　（c）高斯型

图 4.10 变异函数模型类型对建模特性结果分布的影响（据 Le Ravalec 等，2014）

网格为 200×200 个单元，范围设置为 40 个单元

7）地质趋势

通常是指地质过程中的岩石物理性质分布（如向上粒度变细或向上粒度变粗，或从沉积体系的近端到远端，储层质量下降）。这些趋势可能会产生一个在大距离上具有负相关性的变异函数，例如，向上粒度变细，而底部的高孔隙度将与单元顶部的低孔隙度呈负相关关系（Gringarten 和 Deutsch，1999，2001）。

4.1.2.2 地质统计学模拟方法

1）指标/分类变量方法

（1）顺序指示模拟（SIS）是一种基于指示器的方法（图4.11）。当模拟岩石结构（即分类变量）时，指示器方法将每种岩石结构转换为一个新变量。然后，使用硬数据（如井数据）和已经模拟的值，在给定位置计算模拟相关岩石结构（如泥质、块状、粒状）的概率。与岩石结构对应的变量值设置为1，其余设置为0（Falivene 等，2006）。该模拟定义了一条穿过网格的随机路径。

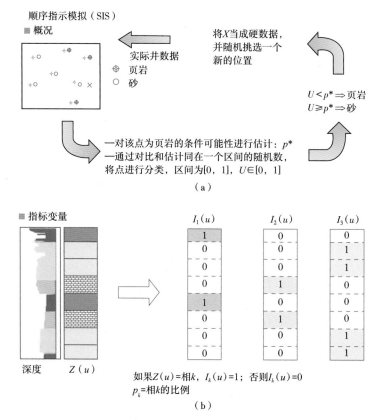

图4.11　顺序指示模拟（SIS）的原理（a）和分类变量转化为指标函数的方式（b）

（据 Le Ravalec 等，2014；由 Doligez 提供，IFP-EN）

（2）截断高斯模拟是一种基于截断高斯模拟算法，需要初步估计相比例以定义阈值（Doligez 等，1999；Falivene 等，2006），该方法利用阈值将下层高斯随机函数（GRF）的值反向转换为相（Doligez 等，1999）。这一过程可以总结为两个步骤（图4.12）：①使用变异函数模型生成 GRF，这些模型被拟合到从井或地震数据计算得到的实验变异函数中；②使用阈值截断 GRF，以便将随机变量分为：高于、介于和低于阈值。根据地质环境的不同，阈值可以是恒定的，也可以是变化的。在平稳配置的情况下，假设非均质性是均匀分布的，同时阈值在横向上是恒定的，并且从 VPC 逐级计算（图4.7）。另一种情况是使用非平稳配置，这意味着可以在相分布中看到横向变化趋势，并且阈值是可变的。在这种情况下，算法可以使用不止一个 VPC，而是表示相比例的空间变化的 3D 比例矩阵（图 4.8）。因此，GRF 中的截断阈值在空间上是可变的，模拟相将遵循这些变化（Doligez 等，1999）。

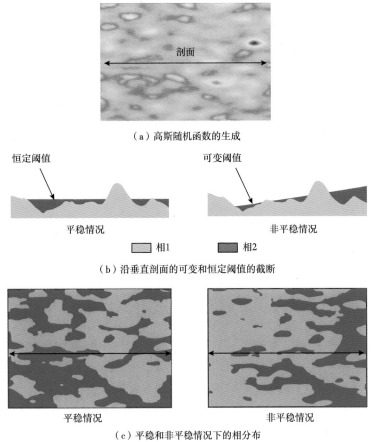

（a）高斯随机函数的生成

恒定阈值　　　　　　　　可变阈值

平稳情况　　　　　　　　非平稳情况

　　相1　　　相2

（b）沿垂直剖面的可变和恒定阈值的截断

平稳情况　　　　　　　　非平稳情况

（c）平稳和非平稳情况下的相分布

图 4.12　截断高斯模拟的原理（据 Lerat 等，2007）

（3）PluriGaussian 模拟的模型包含同时截断两个（或更多）高斯变量，这两个变量可能是相关的，也可能不是相关的（Doligez 等，2009）。模型的基本原理是使用两个（或更多）高斯变量（G1 和 G2；图 4.13a）来调整两组（或更多）不同岩石类型（如岩石结构）的空间结构。岩石类型之间的接触（和过渡）关系由定义截断图的岩石类型规则（图 4.13b、c 中的索引框和饼状图）确定。截断的值是在这个图表的基础上计算的，它仍然符合岩石类型的比例（图 4.13）。Normando 等（2005）证明了 PluriGaussian 模拟算法能够从岩相比例、比例矩阵和岩石类型规则方面再现初始储层的特征。

该方法可用于模拟石油储层中的非均质介质，采矿或水文地质模型（Pelgramin de Lestang 等，2002；Fontaine 和 Beucher，2006；Galli 等，2006；Emery 和 Gonzales，2007；Doligez 等，2009；Mariethoz 等，2009）。如今已经有学者对 bi-PGS 进行了扩展（Doligez 等，2011；Hamon 等，2013），旨在实现一步同时模拟两个分类变量（即沉积学相和成岩标记），该方法中使用的每个变量都是潜在的相关参数。

在典型的 PluriGaussian 工作流程中，必须准确地定义将要模拟的不同岩石类型的相对比例。这些比例通常通过分析井或露头数据来估计，并通过计算成为一条整体垂直比例曲线（VPC），该曲线代表了一个地层单元中岩相的垂直序列和分布。

一般来说，由于地质或成岩作用存在变化趋势，它们在区域上的比例不是恒定的，而是横向变化的。这种非平稳性是通过在区域上以垂直比例网格或由 VPM 提供的可变比例来捕获的，VPM 是根据井数据和其他地质信息（例如层序地层、概念沉积或成岩模型、地震数据）计算得到的。它可以

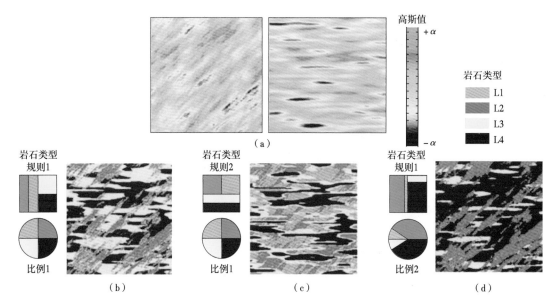

图 4.13 PluriGaussian 方法和相关参数

（a）两个独立的高斯函数（G_1 和 G_2）；（b）、（c）基于不同岩石类型模式规则（1、2）的模拟，但岩石类型（比例1）具有相似的比例模式；（d）基于岩石类型比例2和调整后的岩石类型规则1的模拟结果。注意改变岩石类型规则和比例对模拟结果的影响

被视为岩石类型的三维概率体积，其给出了在特定位置获得特定相或成岩相的局部概率（Ravenne 等，2000）。

（4）多点地质统计学模拟（MPS）能够再现复杂的地质模式（如通道），而这些模式不能用简单的变异函数来建模。MPS 方法没有使用变异函数模型（如 SIS）中的两点统计，而是借用了被定义为训练图像的概念地质模型中的多点统计法（Tahmasebi 等，2012）。从训练图像中借用多点模式，然后将多点模式锚定到"硬"数据（例如地下测井、露头图像、地震数据）。MPS 仍然属于一种随机方法。因此，基于平稳性和普遍性原则，该方法规定不能任意选择训练图像。Caers 和 Zhang （2002）证明了模块化训练图像可用于多点地质统计学方法，这样可以建立复杂的储层模型。Gardet 等和 Le Ravalec 等（2014）提出了一种新的多点多尺度（精细和粗略尺度）的训练方法（图 4.14）。

（5）基于对象的方法。该方法利用空间随机分布的几何对象来建立对象模型，利用概率定律描述这些对象的位置、形状和方向。断裂网络通常用这种方法。例如，笔者根据该方法对 Ranero 案例中的 NW—SE 断层进行了建模（图 4.6）。基于对象的模型可以与上面列出的基于像素的模型（即基于指标或分类变量的模拟）相结合，这样可以更好地表示所研究的地质构造。

2）连续变量方法

上述方法用于指示或分类变量，如岩石结构（即泥质与粒状），其中数据以代码形式存在（见表 3.1）。其他类型的数据以连续数字的形式出现，例如白云石、孔隙度和测井。这些连续变量通常采用顺序高斯和 FFT-MA 仿真方法进行处理。

（1）顺序高斯模拟。SGSim 是一种广泛应用的方法，它涉及定义访问模型所有网格块的随机路径。对于每个网格块，SGSim 首先通过简单 kriging 确定局部分布。然后它从分配给当前网格块的本地分布中绘制一个值。最后，它将模拟值添加到数据集中。这种方法是有效的，可以应用于任何类型的网格。该方法可以有条件地进行实现（Le Ravalec 等，2014）。

（2）FFT-MA 仿真。该方法结合了移动平均法和快速傅里叶变换。该方法在傅里叶空间中实现了移动平均法的卷积，使得移动平均法的计算变得简单快速。FFT-MA 方法可以有效地生成任意平稳过程中协方差函数的高斯函数（Le Ravalec 等，2000；Hu 和 Ravalec Dupin，2004）。

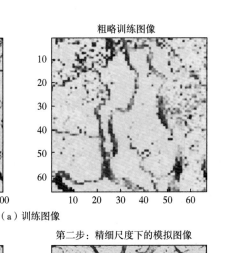

（a）训练图像

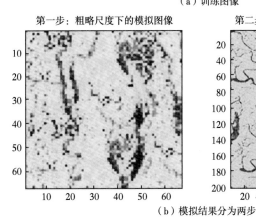

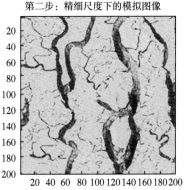

（b）模拟结果分为两步

图 4.14　应用于地震道的多点地质统计学（据 Gardet 等，由 M. Le Ravalec，IFP-EN 提供）

（a）训练图像（精细和粗略尺度）；（b）模拟结果分两步进行：首先是粗略尺度，

然后在粗略尺度模拟实现的情况下，给出精细尺度

4.1.2.3　案例研究：阿拉伯联合酋长国阿布扎比近海上侏罗统 Arab 组 D 段储层非均质性地质统计学建模（Morad，2012）

本书的目的是统计分析成岩作用对储层质量的影响，并提出一个特定的工作流程，用于模拟典型油田规模下岩石结构、成岩趋势和储层性质的空间分布。Morad（2012）首次分析了阿布扎比近海油田 9 口井的岩相和岩石物理数据。在此基础上，模拟了相与成岩相的分布及储层性质。

1）地质背景

Arab 组由四个段组成，从底部到顶部为 Arab D 段、C 段、B 段和 A 段。地层（Arab D 段）底部的最大洪泛面可追溯到中钦莫利期（约 153.5 Ma；MFS J70，Saland 等，2001），地层顶部（A 段）的最大洪泛面与钦莫利阶—提塘阶边界重叠（150.75 Ma；MFS J100；Ehrenberg 等，2007）。在阿布扎比近海，Arab 组的平均厚度约为 770ft（235m；Alsharhan 和 Magara，1994）。D 段和 C 段是主要的储层。B 段和 A 段以及上覆 Hith 组为下伏储层提供了适当的封堵。D 段进一步细分为四亚段（自下而上 D5、D4、D3、D2）（Morad 等，2012）。

整个 Arab 组属于二级超层序的一个退积部分。超层序由四个层次组成，从层序到旋回，由于存在障壁岛和斜坡，它们沉积在以坡折为特征的远端外斜坡上（Morad 等，2012）。根据斜坡内的位置，在 Arab 组 D 段内观察到岩相存在广泛的横向和纵向变化（Al-Suwaidi 和 Aziz，2002）。潮上藻纹层泥岩/蒸发岩、潟湖蒸发岩、粒泥灰岩和泥粒灰岩位于内斜坡上。斜坡顶部包括高能沉积，如有孔虫泥粒灰岩、粒状灰岩、浮石和碎屑内砾状灰岩。斜坡和外斜坡包括开阔的海相生物扰动砂岩和泥岩（图 4.15）。

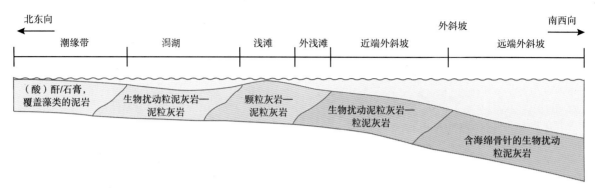

图 4.15 Arab 组 D 段和 C 段沉积模式示意图（据 Morad 等，2012）

由于普遍存在的孤立—半孤立潟湖，蒸发岩含量向地层顶部增加。相对海平面的波动被认为是 Arab 组内部斜坡沉积分布和岩性模式的主要控制因素（Al-Silwadi 等，1996）。

Arab 组 D 段由 5 个准层序组（PS）组成，具有向上变浅的趋势（图 4.16）。每一个 PSs 都以一个海侵体系域（TST）开始，由一个 MFS 或凝缩层（CS）覆盖，最后由一个高位体系域覆盖（HST；Azer 和 Peebles，1998；Morad 等，2012）。本章进一步分析了 Arab 组 D 段石灰岩储层的典型准层序组（PS-3；部分相当于 Arab 组 D3 亚段）。

2）统计分析

PS-3 序列包括岩石结构，其孔隙率和渗透率值在 Arab 组 D 段所有的准层序中是最高的（Morad，2012）。该准层序组的可用数据（PS-3；图 4.17）由代表 9 口井 600 个深度对应样品的井岩心数据（岩相和岩石物理数据）组成。这些"样本"（和相应的值）已被统计量化和分析（见图 3.2 至图 3.4）。

PS-3 层段包括研究区域内的四个沉积相（从东北到西南：潟湖、浅滩、外浅滩和外斜坡），所有这些沉积相都作为数据集一部分的井控制（图 4.17）。在垂直方向上，PS-3 包括 D3L1 和 D3L2 两个旋回，厚度范围为 17~55m（图 4.16）。PS-3 中的数据集（600 个样本）具有相当好的储层特性，尤其是颗粒支撑结构具有高渗透性。PS-3 包括 TST 及上覆的 HST（图 4.16）。

PS3 潟湖相（图 4.17）平均厚度为 17m，主要由泥粒结构组成（图 4.18a）。在粒状结构占优势的情况下，可以观察到相当大的晶间和晶内孔隙度（14%~18%），并且具有较低的胶结物丰度［例如共生方解石过生长胶结物（SCOC）；图 4.18b］。相对稀少的白云岩（低渗透率，约 2mD）中的泥质结构也显示出 PS-3 潟湖相的特点。

PS-3 浅滩相的厚度范围为 19~55m。在这里，可以观察到数据库（PS-3）中渗透性最强的粒状结构（1600~3900mD）。这些岩石结构的特征表现为具有相对较大的粒间宏观孔隙度和常见的 SCOC 丰度（几乎一半调查样品出现了该情况）（图 4.19a）。共生方解石胶结物以围绕海百合碎片生长为特征，且似乎具有相当大的粒间孔隙度。笔者还发现了泥粒结构，其特征是胶结物和白云石丰度低（图 4.19b）。浅滩相还包括部分白云石化泥质结构，具有较大的孔隙度和渗透率（14%~22% 和 184mD）。

PS-3 外滩相的厚度范围为 21~29m，而主要岩石结构为颗粒支撑（图 4.20a）。它们与浅滩中的岩石相似，但渗透性要低得多（低一个数量级）。泥粒灰岩结构具有相对较好的储层性质以及含量等级为稀有或常见的 SCOC（图 4.20b）。其中还发现了中等白云石化的泥质结构，在一定程度上，其流动特性相对较低。

PS-3 的外坡相厚度为 29~30m。泥质结构（泥岩/砂岩）具有较低的白云石含量以及较低的储层物性，这些特点主导着相关的统计数据（图 4.21a）。此外，在一定程度上，颗粒灰岩和粒泥灰岩也存在于外斜坡相（图 4.21b）。它们的特点是流动性相对较低。

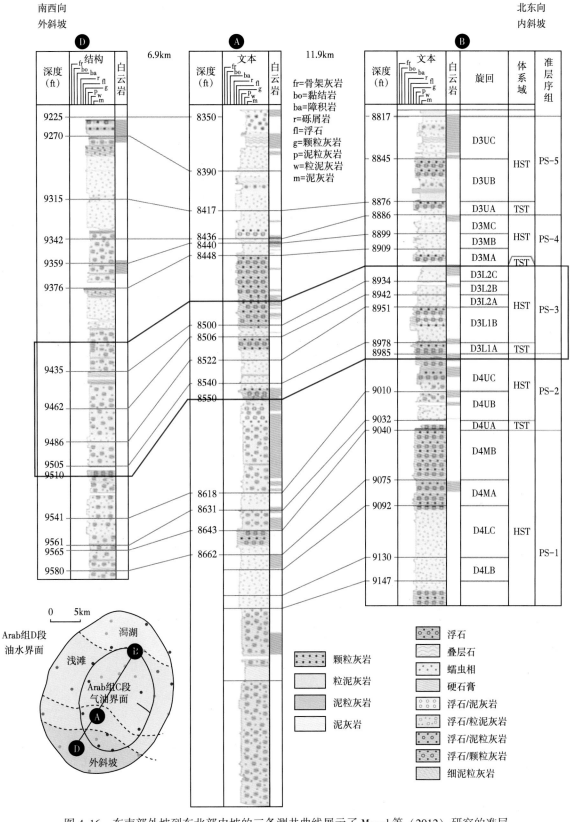

图 4.16 东南部外坡到东北部内坡的三条测井曲线展示了 Morad 等 (2012) 研究的准层序组 (PS-3, 红色轮廓) 的岩石结构分布

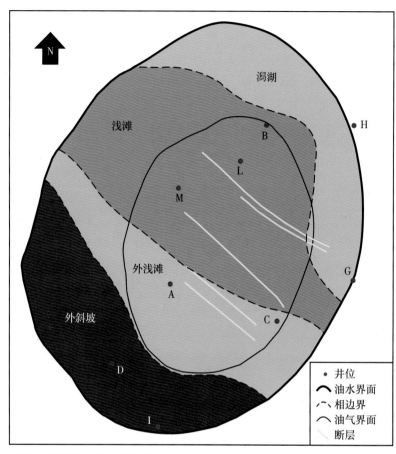

图 4.17　调查区域的简化图（范围约为 20km×25km）：PS-3 层段沉积相的范围以及井的位置

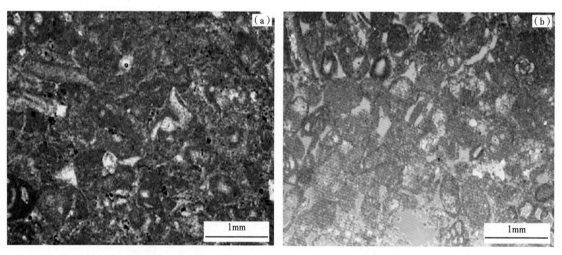

图 4.18　显微照片（PPL）显示了 PS-3 中潟湖的特征微相

（a）H 井中具有低粒间和粒内孔隙度的泥粒灰岩，9967ft（约 3038m）；（b）H 井中含有相对较高
粒间和粒内孔隙度的粒状岩，8955ft（约 2729m）

　　表 4.1 总结了岩相和岩石物理数据（来自井岩心）的统计分析结果（见图 3.3）。数据按沉积相（分布在整个油田）和岩石结构整合。然后，表 4.1 分别给出了具有特定成岩相的岩石结构，如部分胶结作用（SCOC）和白云石化作用，并给出了相应的孔隙度和渗透率。

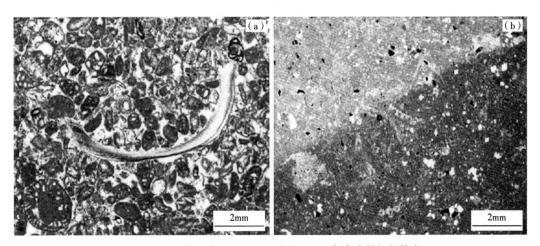

图 4.19　显微照片（PPL）显示了 PS-3 中浅滩微相的特点

（a）L 井 11731ft（约 3576m）中具有高孔隙度的粒状灰岩；（b）L 井 10768ft（约 3282m）中具有生物碎屑的
粒泥灰岩（部分染色薄片；红色为方解石，白色为白云石）

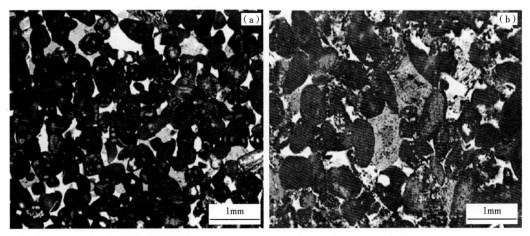

图 4.20　显微照片（PPL）显示了 PS-3 中的外部浅滩微相特征

（a）粒状灰岩/泥粒灰岩，具有相对较低的粒内和铸模孔隙度，在 C 井中具有相对丰富的 SCOC，8845ft（约 2696m）；
（b）颗粒泥粒灰岩，在 A 井中发现有 SCOC，8523ft（约 2598m）（染色薄片；红色为方解石，白色为白云石）

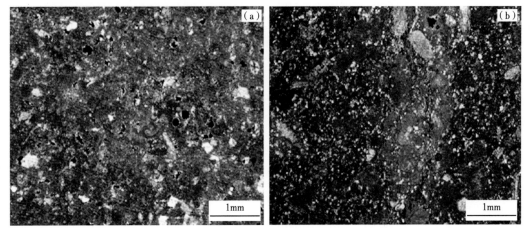

图 4.21　PS-3 中外斜坡微相的显微照片（PPL）

（a）I 井 10060ft（约 3066m）中含有分散方解石胶结印模的砂岩；（b）I 井 10033ft（约 3058m）处含有中等白云石化的砂岩

表 4.1 PS-3 不同沉积相和岩石结构的成岩作用对储层质量的定量影响

相（井）	成岩过程	平均孔隙度（%）	平均渗透率（mD）	样品数量	厚度（ft）	频率（%）
潟湖（G 井、H 井）					55~56	
泥质结构		10	2	17		24
泥粒结构		14	13	38		59
泥粒结构	常见 SCOC	**14**	**24**	**4**		
晶粒结构		14	59	10		17
晶粒结构	常见 SCOC	**18**	**568**	**2**		
浅滩（B 井、L 井、M 井）					62~181	
泥质结构		14	7	27		19
泥质结构	白云石含量小于 10%	**22**	**184**	**18**		
泥粒结构		22	106	75		38
泥粒结构	常见/丰富 SCOC	**26**	**609**	**15**		
晶粒结构		26	1644	50		43
晶粒结构	常见/丰富 SCOC	**24**	**3907**	**53**		
外浅滩（A 井、C 井）					70~96	
泥质结构		9	1	10		13
泥质结构	白云石含量大于 75%	**12**	**7**	**3**		
泥粒结构		20	61	20		35
泥粒结构	常见 SCOC	**22**	**200**	**15**		
晶粒结构		15	128	22		52
晶粒结构	常见/丰富 SCOC	**25**	**285**	**28**		
外斜坡（D 井、I 井）					95~99	
泥质结构		9	1	156		83
泥粒结构		9	0.7	31		17

注：未受任何成岩作用影响的值首先显示每种岩石结构，然后显示成岩作用的值（粗体）。

SCOC—共生方解石过生长胶结物。

PS-3 中观察到的最高孔隙度通常出现在浅滩相和外浅滩相的粒状灰岩和泥粒灰岩中（平均值为 20%~25%）。这种粒状的岩石结构（岩石状）显示了较高的平均孔隙度（5%~15%），其中方解石胶结物是常见的（通常生长在较深的浅滩和浅滩沉积环境中，是常见的碎屑岩）。泥质结构在浅滩相中表现出相对较低（宏观）的孔隙度值（17%）。在浅滩相中，较少的白云岩含量（<10%）与相对较高的孔隙度值相关。潟湖和外斜坡的特征是具有相对较低的孔隙度值（9%~14%）。

我们观察到的最高渗透值出现在 PS-3（最大 3900mD）。在潟湖和外浅滩相，同样岩石结构的渗透率值要低一个数量级。泥粒灰岩结构在浅滩和外浅滩具有较高的渗透性。SCOC 含量为常见或丰富，其出现似乎与粒状灰岩和泥粒灰岩结构中的较高渗透率值有关（图 3.3，图 4.22a）。泥质结构仅在浅滩中显示良好的渗透性，在经历轻微白云石化作用的样品中，其值要高得多（7~184mD；表 4.1）（图 4.22b）。

3）地质统计学模拟

通过地质统计学模拟展现了上述岩石结构在整个研究区域的分布（受沉积环境空间结构的限制），以及特定成岩趋势对岩石物理性质的影响。成岩趋势是指通过定量和统计分析所观察到的关系（"规则"），与相同沉积环境中的类似岩石结构相比，粒状灰岩或泥粒灰岩中存在特定类型的胶结

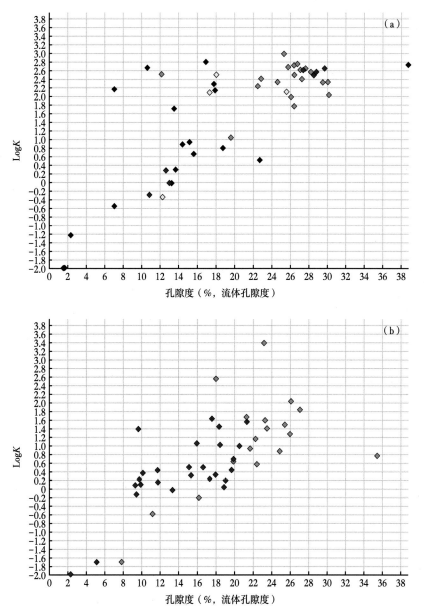

图 4.22 根据 PS-3 内 SCOC 和白云岩的丰度百分比分析得到的孔隙度与渗透率对数的交会图

（a）PS-3 外浅滩孔隙度/渗透率曲线图显示粒状结构的孔隙度/渗透率比值是最高的，SCOC 含量为常见或丰富（红色＝丰富，
绿色＝常见，黄色＝稀有，黑色＝无）；（b）与白云岩含量较高（大于 10%，红色）的样品相比，大多数白云岩含量较低
（小于 10%，绿色）的样品具有相对中等至较高的孔隙度/渗透率比值

物（SCOC），粒状灰岩或泥岩中的白云石化程度似乎与具有相对较高储层性质的"样品"有关。因此，笔者称为"驱动因素"或"指标因素"，这些（半）量化的成岩相似乎影响了储层性质（指示"成岩趋势"）。

研究区 Arab 组 D 段储层 PS-3 层段沉积相分布和成岩趋势的建模工作流程步骤如图 4.23 所示。首先，进行统计分析，目的是定量地研究岩石结构分布和识别孔隙度和渗透率的主要成岩驱动因素（如 SCOC 或白云岩百分含量）。其次，建立（研究领域的）网格化模型，包括对可用的硬数据（离散的测井曲线）或软数据进行插值。模拟（多重实现）可以推断与硬数据有关的单元之间的软数据分布，例如岩石结构（粒状—泥粒—泥质）、SCOC（无/稀有到丰富）、白云岩（百分比）和孔隙度（百分数）的（半）定量分布。这一步包括变异函数、垂直比例曲线 VPC 和垂直比例矩阵 VPM 的定义。模拟通过 SIS 和 FFT-MA 方法实现，分别再现岩石结构和 SCOC 以及白云岩百分含量和孔隙度的分布（图 4.23）。在此基础上，笔者提出了影响孔隙度和渗透率的主要成岩驱动因素的规律，并进行了应用。例如，根据统计分析，"常见或丰富的 SCOC" 主要存在于粒状灰岩和泥粒灰岩中，且储层的平均渗透率值翻了一番（表 4.1）。最后，考虑到岩石结构分布的模拟（实现），笔者应用相关规则对整个储层模型的孔隙度和渗透率值进行了属性化。

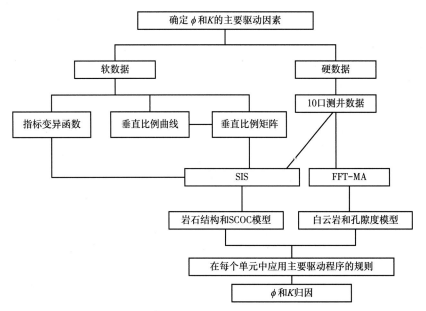

图 4.23　PS-3 中岩石结构分布（三类：粒状、泥粒、泥质）、SCOC（四类：无、稀有、常见、丰富）、
白云岩（百分比）和孔隙度（百分比）的地质统计学建模流程（据 Morad，2012）
为了研究成岩趋势（成岩作用对储层性质的影响），将成岩驱动力（如 SCOC、白云石化）与相应储层
性质的观测变化联系起来，并在地质模型中得到了属性化的孔隙度和渗透率分布

（1）岩石结构分布。

首先，必须注意的是，PS-3 的岩石结构分布与沉积环境的地理格局结构有关（图 4.17），其斜坡走向为北西—南东方向（此处定义为方位角 SE110°）。

因此，岩石结构分布的地质统计学模拟工作流程基于沉积相图（图 4.17）和 PS-3 层段离散井计算得到的垂直比例曲线（VPC）（图 4.24）。为了更好地约束沉积范围内岩石结构的分布，笔者绘制了属性图（图 4.25）。该图由潟湖、浅滩、外浅滩和外斜坡环境四个区域组成。利用该约束图和 VPC（对应于井硬数据），生成了比例矩阵（图 4.26）（更多细节，请参阅上面的方法部分）。

用于模拟岩石结构分布的方法采用序贯指示模拟（SIS；用于进一步检查信息）。根据已知的沉积相空间结构（表 4.2），采用特定的方位（方位 SE110°）。其他的仿真参数，如 X、Y、Z 范围，根据震级和试错数据范围任意确定。

一旦定义了变异函数参数并计算了比例矩阵，就可以模拟 PS-3 中岩石结构的分布（图 4.27）。从图中可以看出，在浅滩和潟湖相区域中，粒状结构占优势。其次，研究区东南部的外浅滩相也发现了粒状结构。潟湖、外浅滩和外斜坡区域（比较图 4.27 和图 4.24）以泥粒结构为特征。外斜坡区以泥质岩为主。它们也存在于潟湖地区。

地质统计学建模根据所选的模拟方法（此处为 SIS）可以在井（控制点）之间正确地表示岩石结构分布，这点从岩心中收集的统计数据已在各井位得到了验证。属性图是沉积学专家提出的一种约束工具，目的是将那些跨越特定沉积相的井进行分组。值得注意的是，这种建模方法仍然是随机的（不确定的），它不能在地质模型中精确地分配岩石结构。每个区块的实现（模拟）将表现出不

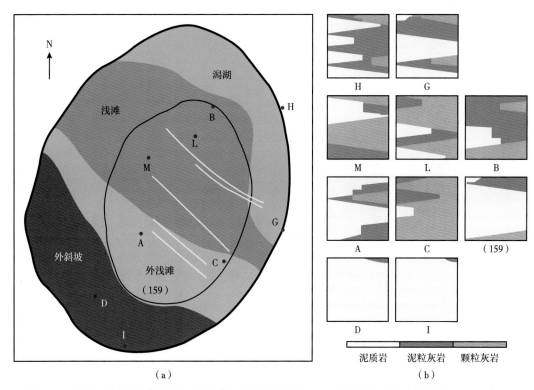

（a）

（b）

图 4.24 研究区域内油井位置（硬数据）的沉积相图（a）和计算的垂直比例曲线（VPC）（b）
表示十口井中每口井的垂直岩石结构分布

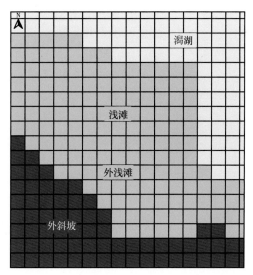

图 4.25 沉积环境（即区域）的属性图

通过这些区域，将相应井计算得到的 VPC 进行分组（如 H 井和 G 井分配给潟湖区域）。
计算出的比例矩阵（VPM；图 4.26）符合实际的沉积环境分布

同的岩石结构分布。然而，这些区块将能够描绘所有使用到的地质统计学规则，因此它们将呈现富
有逻辑性和可能性的岩石结构分布特征。

表 4.2 PS-3 岩石结构分布的模拟方法和变异函数值

方法	X	Y	Z	方位角（°）	窗口
SIS	6000	3000	1	110	0.1

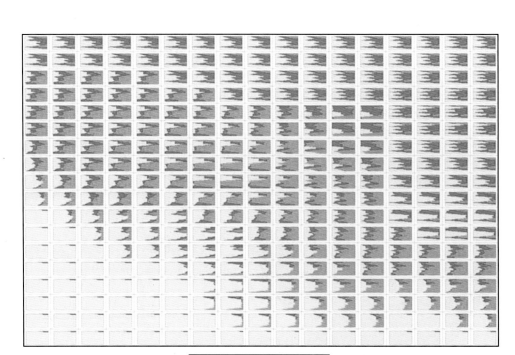

泥质岩　泥粒灰岩　颗粒灰岩

图 4.26　PS-3 岩石结构的约束比例矩阵（VPM）：网格为 10×10（对应 X 和 Y）

如预期的那样，粒状结构在浅滩和外浅滩相的某些部分占主导地位

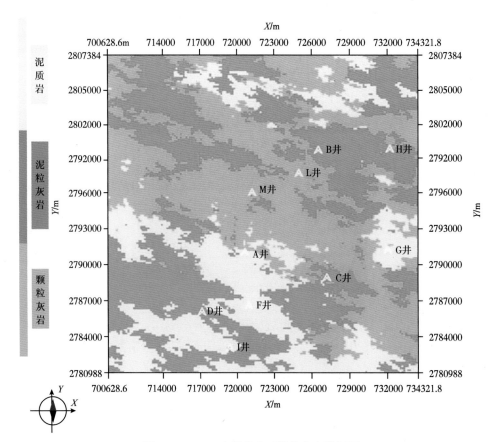

图 4.27　PS-3 中模拟岩石结构分布俯视图

该图说明了 PS-3 中岩石结构的不均匀分布，在浅滩和外斜坡的区域，该图正确显示了粒状结构和泥质结构的优势

（2）共生方解石过生长胶结物（SCOC）的分布。

含量为常见或丰富的 SCOC 的出现被当作离散性质。SCOC 是作为类导入的：1＝无，2＝稀有，3＝常见，4＝丰富。与岩石结构分布建模相同的工作流程被用于 SCOC 分布的建模（图 4.28）。

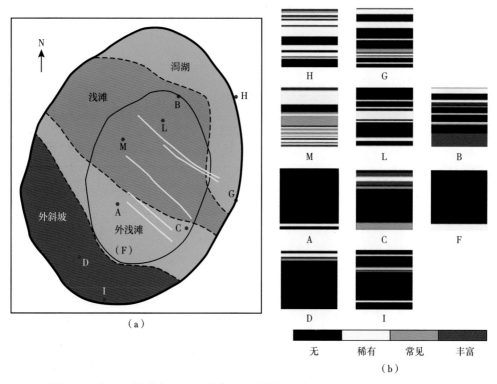

图 4.28　调查区域内标注了油井位置（硬数据）的沉积相图（a）和测井数据表示十口井中每口井的 SCOC 垂直丰度分布（b）

共生方解石过生长胶结物（SCOC）的丰度与岩石结构（主要是在砂岩和泥粒灰岩中）和海百合的存在有关（由于胶结物存在于深海外海沉积区域的海百合碎片中）。因此，颗粒支撑岩石结构中 SCOC 的定量比例丰度图（见图 3.4）可用作比例矩阵（VPM；图 4.30）计算的约束性质图（图 4.29）。

考虑到所假设的约束属性图，笔者计算了比例矩阵（VPM）。在这种情况下，将约束图上的值作为 kriging 系统中的定量数据来计算比例矩阵。为了模拟 SCOC 在整个研究区域（领域）的分布，笔者选择了一种与岩石结构分布模拟相似的方法（即序贯指示模拟，SIS）。由于模拟得到的胶结物与岩石结构具有成因关系，因此采用了相同的特定方向（方位角 SE110°）（表 4.3）。其他的模拟参数，如范围（X、Y、Z）和窗口是根据数据范围的数量级和试错情况来确定的。

表 4.3　PS-3 SCOC 分布的模拟方法和变异函数值

方法	X	Y	Z	方位角（°）	窗口
SIS	6000	3000	1	110	0.1

PS-3 中 SCOC 分布的模拟表明，在该油田北部和西部出现了常见的斑块（图 4.31）。模拟没有明显显示大量 SCOC 的出现：这是由于数据中"丰富"等级的 SCOC 出现频率极低（见图 3.3 和图 3.4）。模拟结果与比例矩阵和 VPCs 得到的结果一致。SCOC 通常出现在网格的北部和西部（图 4.31）。由于模型遵循井资料统计散射和约束属性图，因此其分布非常不均匀。所以，我们不应该把模拟结果看作是一幅关于 SCOC 分布的精确地图，而是看作一幅逻辑上合理的可能分布图。

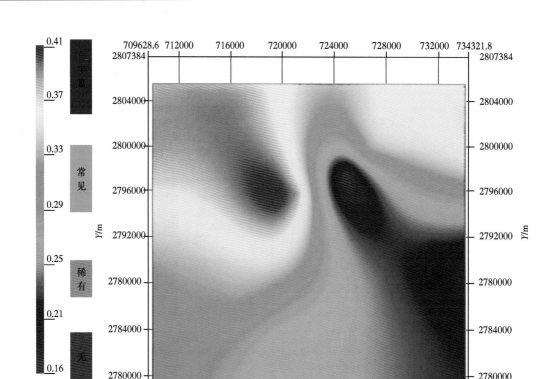

图 4.29　PS-3 中 SCOC 分布的属性图

该图显示了根据井数据（SCOC 在地层单位中的累计比例）插值的 Arab 组 D 段颗粒支撑岩石结构中 SCOC 的比例丰度；假设 PS-3（Arab 组 D 段的典型岩石序列）具有相似的丰度分布

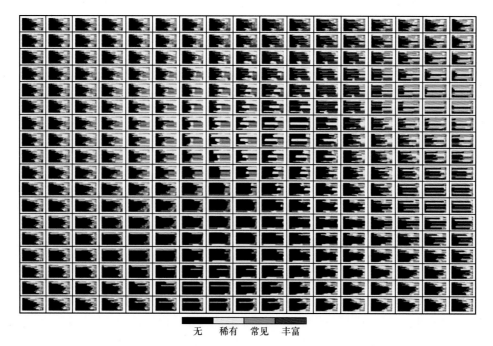

图 4.30　PS-3 中 SCOC 的约束比例矩阵（VPM）：网格为 10×10（对于 X 和 Y）

主要在网格北部观察到丰富（红色）和常见（绿色）胶结物

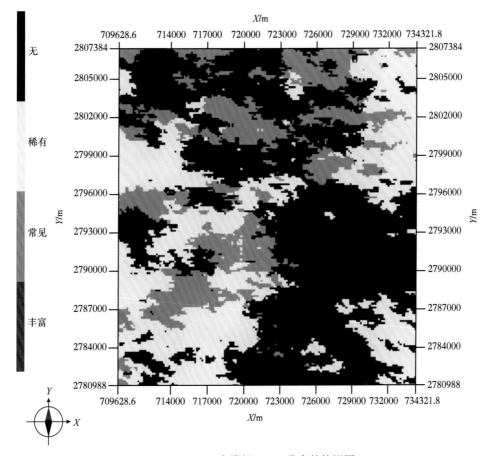

图 4.31　PS-3 中模拟 SCOC 分布的俯视图

这种常见的胶结物现象（绿色）主要出现在网格的北部和西部

在颗粒支撑结构中存在的共生方解石过生长胶结物与相对较高的渗透率值相关，这在潟湖、浅滩和外浅滩相等区域中似乎是常见的。此外，图 4.31 显示，在这些区域内，只有北部和西部均显示存在 SCOC。

（3）白云岩分布。

由于所调查样品（井数据）中的白云岩数量具有连续分布的特征（以大块岩石的百分比计），笔者选择使用 FFT-MA 方法模拟。采用与上述岩石结构和 SCOC 分布工作流程非常相似的工作流程，对整个调查区域的白云岩百分比分布进行建模。模拟结果显示 PS-3 中白云岩为不均匀斑片状分布（图 4.32）。相对而言，在网格的东部和南部发现了相当高比例且形状较大的白云石斑块（主要对应于潟湖和外斜坡沉积相的区域；图 4.32）。

（4）孔隙度和渗透率。

岩石物理性质（孔隙度和渗透率）的属性基于对可用数据集进行统计分析的结果（总结见表 4.1）。根据为成岩驱动因素（即 SCOC 和白云岩）定义的规则，对 PS-3 进行地质统计学建模（岩石结构、SCOC 类别、白云岩比例）的结果用于分配孔隙度和渗透率平均值。

实际上，地质模型代表了岩石结构（粒状、泥粒和泥质）的地质统计学分布以及 SCOC 和白云岩的分布。每种岩石结构类别的孔隙度和渗透率的平均值（表 4.1）都来自该地质模型。相关数值四舍五入至最接近 5% 的比率。

为了绘制成岩作用对储层性质的空间影响图，将成岩"驱动因素"（即 SCOC 和白云岩，其分布已建模）用于构建"规则"，该"规则"将变化后的孔隙度和渗透率联系了起来。

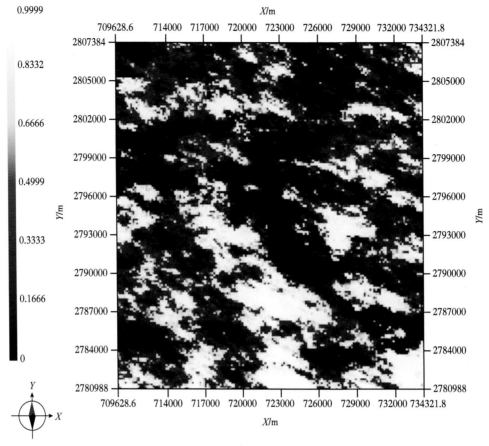

图 4.32　PS-3 中模拟白云石分布俯视图

图中可以观察到完全白云石化（白色的大斑块，白云石含量高达 100%）主要出现在网格的南部，
对应于外浅滩和外斜坡相的区域。黑色阴影代表白云石的含量几乎为 0

　　笔者采用两个简化的规则来重新分配孔隙度和渗透率：（1）根据单元内 PS-3 中的粒状和泥粒灰岩结构来确定具有"常见"和"丰富"含量的 SCOC（表 4.1 中粗体）样品的孔隙度和渗透率平均值，而不是根据总体平均孔隙度和渗透率值；（2）与白云岩相关的孔隙度和渗透率平均值（表 4.1 中粗体）同样按照地质模型中的泥质岩石结构来确定。

　　模拟结果（图 4.33 和图 4.34）说明了 PS-3 储层存在非均质性的现实情况，以及成岩趋势对孔隙度，特别是渗透率的影响。PS-3 的模拟结果还说明了最高的孔隙度和渗透率值（特别是在存在粒状结构的区域）出现在研究区域的非均质中心部分。白云岩含量高的区域通常与较低的孔隙度和渗透率值相关，但在外浅滩相，高白云岩含量似乎与高渗透率值相关（图 4.34）。

　　以上构建的地质模型能够根据原始沉积相和已知的成岩趋势再现储层岩石的非均质性分布。这个过程涉及若干步骤，同时结合某些方法和软件包（EasyTrace™、CobrafLow™、GOCAD）加以实现。然而，所得到的模拟结果是不确定的。它们仅代表由输入的"硬"数据、地质约束（沉积环境、成岩作用）、岩相学和岩石学数据的统计分析所得到的具有逻辑性的、高度可能性的分布。

　　尽管浅滩相包含了最理想的储层岩石，但其孔隙度和渗透率的非均质性却很难评估。上面提到的工作流程有助于表现这种非均质性，并特定地对其随机分布加以控制。尤其是颗粒支撑的灰岩结构（泥粒和粒状灰岩）是浅滩和外浅滩相的特征。这些是最好的储集岩，它们含有较多且分散的方解石过度生长胶结物，同时受白云石化作用的影响较小。白云石化作用普遍增强了近端外斜坡和外浅滩相泥质灰岩结构的孔隙度和渗透率，其中还可能发生了回流白云石化作用（Mulad 等，2012）。

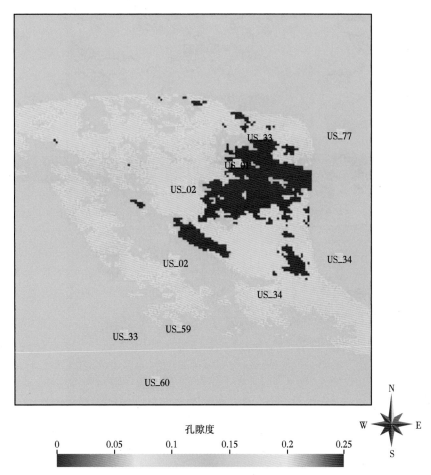

图 4.33　PS-3 的孔隙度属性视图：基于岩石结构、SCOC 和白云岩的模拟分布以及成岩驱动因素
潟湖相（北部）的孔隙度值相对较低，介于 10%~15%；浅滩相具有不均匀的块状孔隙分布，其值为 15%~25%；
红色区域为最高值，结构以颗粒状为主；外浅滩相的孔隙度值与滩相相似，但略低；外斜坡相的特征是
孔隙度值较低（10%），孔隙度刻度条范围为 0~25%

4.1.2.4　Arab 组 D 段储层非均质性地质统计学建模的备选工作流程

笔者利用 SIS 和 FFT-MA 建立了 Arab 组 D 段储层 PS-3 层段沉积相分布和成岩趋势的建模流程以及地质统计学方法。这个流程主要通过对井资料进行统计分析（表 4.1）。应用孔隙度和渗透率的主要成岩驱动因素规则，按沉积相（即颗粒、泥粒、泥质）进行分配。因此，这些规则可以确定整个油藏模型的孔隙度和渗透率值。

为了达到同样的效果，笔者提出了另一种工作流程，即通过将沉积相、成岩驱动力、孔隙度和渗透率分布相互关联，对 PS-3 层段的储层孔隙度及渗透率的非均质性进行建模。该工作流程采用了复数形式的方法，其中涉及两个高斯模拟来建立沉积相模型。它提供了一种更简单、更快速的方法来分配油田各井之间的储层特性。

1）备选的工作流程

备选工作流程如图 4.35 所示，它包括四个不同但相互关联的建模步骤：（1）通过 Plurigaussian 模拟相分布；（2）利用 FFT-MA 方法研究沉积相类型的孔隙度分布；（3）成岩驱动因素（SCOC，见上图）按沉积相分布，并通过 Collocated Cokriging 法与模拟孔隙度相关；（4）通过模拟孔隙度和成岩驱动因素（SCOC）计算沉积相渗透率分布，最后一步是复制前一个工作流程（上面）的半任意"属性"。

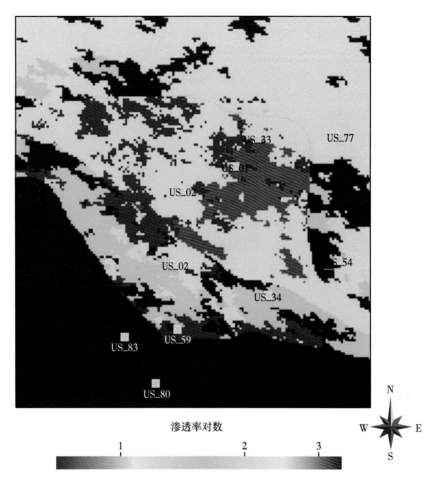

图 4.34 PS-3 的渗透率属性视图：基于岩石结构、SCOC 和白云岩的模型分布以及成岩驱动因素规则
潟湖相具有相对较低的渗透值；浅滩相渗透率较高；当粒状结构占主导地位且不存在白云岩时，出现最高渗透率值；
外滩相的非均质性与浅滩相相似，但数值较低；外斜坡相的特征是渗透率较低

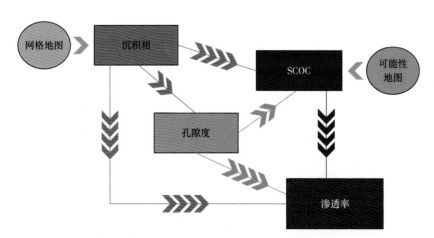

图 4.35 在沉积环境的约束下，采用 Plurigaussian 方法进行相（岩石结构分为颗粒、泥粒、泥质三类）
分布的地质统计学建模工作流程

FFT-MA 模拟孔隙度和与之相对应的相：受一般比例关系约束的 SCOC（分为四类：无、稀有、常见、丰富）丰度图与孔隙度
模拟相关，并与基于使用 Collocated Cokriging 法模拟得到的孔隙度相关；同时和基于孔隙度及 SCOC 模拟得到的渗透率相关；
箭头指向表示四个建模步骤之间的关系；例如，孔隙度模拟受到相模拟的约束，同时又约束了 SCOC 和渗透率模拟

对于岩石结构（相）模拟，笔者更倾向于使用 Plurigaussian 方法（使用高斯变差函数模型）。因为它减少了像素化特征（与 SIS 相比），代表了相关沉积环境的简化视图（图4.10）。浅滩主要是颗粒状的结构，潟湖的特点是泥粒和泥质，而外斜坡主要是泥质结构。由于 PS-3 主要为浅滩相和外浅滩颗粒岩相，主要成岩驱动因素为共生方解石过生长胶结物（SCOC），而 SCOC 本身与颗粒结构具有较强的相关性。因此，孔隙度和 SCOC 模拟受到模拟相（岩石结构）的约束。此外，SCOC 的分布与孔隙度有关。因为，这种胶结物在颗粒结构中很常见，在泥质结构中很少出现。以上规则基于地质观测（图4.17至图4.21和表4.1）。

2）模拟和结果

（1）相分布。

如前所述，采用 Plurigaussian 方法来模拟研究区岩石结构（相）的分布。这是通过使用两个高斯模拟来实现的，第一个模拟了岩石结构的一般方位角（SE110°），第二个模拟了垂直方向（N020°）上较小的岩石结构（图4.36）。这些方向是根据已知的沉积相空间配置确定的。

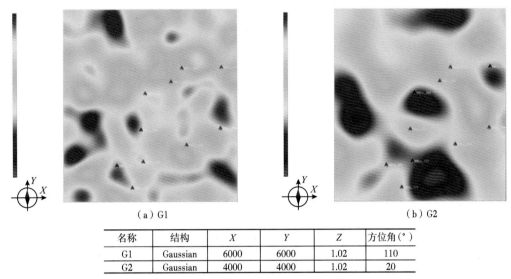

	（a）G1		（b）G2	

名称	结构	X	Y	Z	方位角（°）
G1	Gaussian	6000	6000	1.02	110
G2	Gaussian	4000	4000	1.02	20

图 4.36 整个研究区域岩石结构（相）的两种高斯模拟结果

图中标出了井位（控制点）；同时还列出了每个模拟使用的参数，这些参数基于数据范围和试验误差；
（a）色标标的范围从 -4.0 到 4.6，（b）色度标的范围从 -3.5 到 4.2，红色代表最高值

与 SIS 模拟岩石结构分布类似，笔者绘制了沉积相图（图4.17）。并计算了离散化井在 PS3 层段的垂直比例曲线。比例矩阵（VPM）由代表潟湖、浅滩、外浅滩和外斜坡沉积环境的相同约束属性图生成（参见图4.25）。然后定义变差图参数，进行相模拟（图4.41a）。

（2）孔隙度分布。

孔隙度值具有连续性（以岩石体积的百分比表示），因此采用 FFT-MA 方法进行模拟。模拟遵循类似的工作流程，并给出了三种分别对应于颗粒状、泥粒状和泥质岩石结构（相）的模拟方法。方差图模型参数如表4.4所示。

表 4.4 孔隙度（FFT-MA）模拟的方差图模型

结构	X	Y	Z	方位（°）	窗口值
球形的	6130	6560	1.02	110	0.10

注：根据数据范围和试验误差确定方差图模型的参数。

（3）SCOC 的分布。

SCOC 的定量比例丰度图（图3.4和图4.29）被用来作为计算比例矩阵（VPM）的约束属性图。

尽管如此，这里仍然使用了 *Collocated Cokriging* 方法（而不是 SIS），提供了与三种岩石结构（沉积相）相对应的三种模拟方法。符合条件的数据集作为可用的井数据。此外，模拟孔隙度作为一种次要属性，相关系数定义为 0.5 和 0.8，分别适用于泥粒（表 4.5）和粒状岩石结构（表 4.6）。泥质结构的相关系数很低（且为零），因为在该相中未发现共生过度生长的胶结物。

表 4.5　研究区域内具泥粒岩石结构 SCOC 分布的 **Collocated Cokriging** 模拟，模拟涉及的参数和变差图模型的约束条件

Collocated Cokriging 的参数					
训练数据集	第二个属性			相关系数	
DSW_PS3_F（井）	孔隙度-FFT-MA			0.5	
变差函数模型					
结构	X	Y	Z	方位（°）	窗口值
球形的	6130	6560	1.02	110	0.10

注：值得注意的是，SCOC 和孔隙度之间存在一定的相关性。这些参数是根据数据范围和试验误差确定的。

表 4.6　研究区域内具颗粒状岩石结构 SCOC 分布的 **Collocated Cokriging** 模拟，模拟涉及的参数和方差图模型的约束条件

Collocated Cokriging 的参数					
训练数据集	第二个属性			相关系数	
DSW_PS3_F（井）	孔隙度-FFT-MA			0.8	
变差函数模型					
结构	X	Y	Z	方位（°）	窗口值
球形的	6130	6560	1.02	110	0.10

注：SCOC 和孔隙度之间的相关性很高。这些参数是根据数据范围和试验误差确定的。

（4）渗透率分布。

研究区 PS-3 层段（Arab 组 D 段）渗透率分布的主要控制参数为岩石结构（相）。事实上，从统计学上讲，储层岩石属于颗粒结构（通常在浅滩环境中）。然而，这些岩石在孔隙度和渗透率方面表现出显著的非均质性。有效的假设是，这种非均质性可以用成岩驱动因素来预测（这里是 SCOC 分布，它本身与孔隙度有关）。基于 Lønøy（2006）提出的微孔—中孔—大孔的孔隙度—渗透率规则，笔者根据渗透率分布计算了泥质、泥粒和颗粒结构（表 4.7）。模拟孔隙度值用于计算（井间）渗透率。根据对井数据的统计分析（表 4.1），似乎渗透率值是两倍以上时，泥粒或颗粒结构都包含丰富的 SCOC。因此，笔者修改了 Lønøy（2006）的方程（通过乘以 2）。

表 4.7　模拟渗透率值的条件公式，基于考虑 SCOC 分布条件下岩石结构（相）的模拟孔隙度值

泥质岩	片状微孔晶间孔隙（Lønøy，2006）：$K = 10^{(1.4955\ln\phi - 3.2488)}$
泥粒灰岩	片状中孔晶间孔隙（Lønøy，2006）：$K = 10^{(1.5253\ln\phi - 2.5953)}$
	如果 SCOC 常见/丰富 → 2x K：$K = \mathrm{if}(|\mathrm{Syntaxial}| > 1.6, 2(10^{1.5253\ln\phi - 2.5953}), 10^{1.5253\ln\phi - 2.5953}$
颗粒灰岩	片状大孔晶间孔隙（Lønøy，2006）：$K = 10^{1.8095\ln\phi - 3.074}$
	如果 SCOC 常见/丰富 → 2x K：$K = \mathrm{if}(|\mathrm{Syntaxial}| > 1.6, 2(10^{1.8095\ln\phi - 3.074}), 10^{1.8095\ln\phi - 3.074}$

3）简介

备用工作流程成功地对研究区域内 PS-3 层段（上侏罗系 Arab 组 D 段）的分布（岩石结构）、孔隙度、SCOC 和渗透率进行了建模（图 4.37）。其中泥质岩石结构（主要代表外斜坡和部分潟湖沉积环境；以图 4.37（a）为例，孔隙度和渗透率值较低（图 4.37b、d），在数据显示相反的情况下，

仍然可以观察到例外情况（可能是由于轻微的白云石化——在这个建模工作流程中没有考虑到）。对于主要代表浅滩的颗粒和泥粒结构，渗透率是模拟孔隙度和SCOC分布的函数（图4.37b至d）。因此，当孔隙度相对较高，SCOC丰度为常见时，渗透率较高。

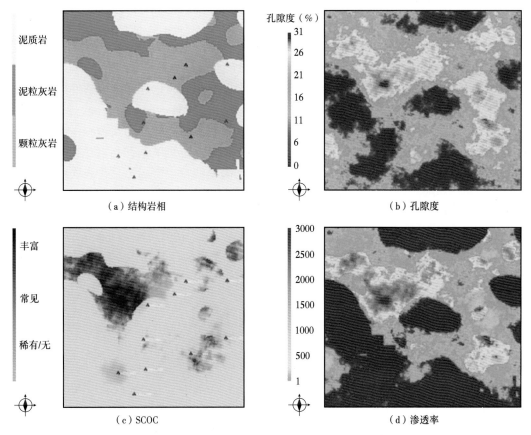

图4.37 岩石结构岩相、孔隙度、SCOC和渗透率：基于地质统计学建模，利用Plurigaussian、
FFT-MA，同时在PS-3区间内（上侏罗统Arab组D段）采用Collocated Cokriging方法
泥质结构主要表现为低孔隙度和低渗透率，而泥粒和颗粒结构则表现为渗透率较高，
其中SCOC含量普遍较丰富；该图是三维模型第40层的视图

4.1.3 地球化学模型

地球化学模型采用热力学和动力学规则（来自数据库，例如 USGS；Palandri 和 Kharaka，2004）研究化学反应和流体—岩石相互作用。这可以通过一个 0D 模型（如 ArXim，PHREEQ-C）来实现，通过这个模型可以测试和分析某种化学反应的可行性。此外，将地球化学模型与反应输运模型（reactive transport model，RTM）相结合，可以在一维、二维和三维结构中模拟流体流动和相关的流体—矿物反应过程。地球化学 RTM 具有吸引力，因为它能提供流体—岩石相互作用及其成岩相的正演模拟。然而，模拟结果需要验证，因为这些过程大多数发生在不同的、通常是未知的时间和物理化学条件下。对于实现有效的地球化学模式的成岩过程来说，这仍然是一个具有挑战性的任务。然而，地球化学模拟能够为有关流体—岩石相互作用的具体问题提供宝贵的答案。因此，利用这一技术来支持或反驳所提出的概念模型和推测成岩作用对储层性质的影响是非常合适的。

在成岩作用研究的大框架内，数值模拟对定量分析某些概念起着重要作用。成岩作用首先需要深入研究和表征，它们的影响或产生的成岩相必须进一步加以量化，以便为数值模型提供以输入的数据。

白云石化概念模型包括两大类：第一类代表早期与海水有关的（有时与硬石膏有关的）白云岩；第二类则是在较高温度和深度下与基底流体相关的后期白云石化过程。与早期海水白云石化模型相关的一个典型例子是海水转化为卤水重力流的回流作用（Adams 和 Rhodes，1960）。白云石化的埋藏（压实）模式（Illing，1959；Jodry，1969；Hood 等，2004）将盆地内形成的水从盆地（经历埋藏和压实）泵入相邻的可渗透碳酸盐岩中。

4.1.3.1 0D 地球化学模拟：溶解/沉淀速率

de Boever 等（2012）应用 0D 地球化学模型，在微尺度（结合显微 CT 研究；见第 3 章）下利用 ArXim 软件（EMSE-IFPEN）模拟了一个开放的地球化学系统的演化过程。该软件是一个开放源码程序，用于矿物、水溶液和气体之间的多相形态、平衡和反应计算。

反应发生在一个装有塞子（2.5cm³）的盒子里，它代表了研究样品的尺度——样品来自阿布扎比 Arab 组。地球化学计算包括固相方解石、白云石和硬石膏。定量 X 射线衍射结果可以得到反应开始时的固相体积分数（%）和孔隙度。在反应开始时，固相的粒径需满足总孔表面的要求。流体组成由 pH 和七个参与方解石—白云石—硬石膏反应的组分浓度（mol/kg）来确定。地球化学成分的浓度基于阿拉伯联合酋长国 Arab 组的地层水数据（Morad 等，2012），该数据详细描述了与侏罗系 Smackover 组中处于平衡状态的卤水成分（Moldovanyi 和 Walter，1992）以及阿布扎比—萨布哈表层水成分（Wood 等，2002）。南部储层覆盖着一套碳酸盐岩—蒸发岩地层，其矿物组合与 Arab 组 C 段相似（方解石、硬石膏、白云石），目前该地层埋藏深度在 2765～3250m。表 4.8 列出了与岩石组合处于平衡状态的流体组成，其作为计算的基础数据。

表 4.8　用于计算反应路径的流体（与白云石溶解和硬石膏沉淀有关）的地球化学组成

（据 de Boever 等，2012）

组分浓度（mol/kg）	白云石溶解		硬石膏沉淀		
	pH6.5/85℃	pH6.7/95℃	pH5.7/95℃	pH6.9/95℃	pH7/105℃
Cl^-	3.3	3.3	3.3	3.3	3.3
SO_4^{2-}	0.051	0.047	0.047	0.054	0.052
CO_2（aq）	0.0077	0.008	0.027	0.0018	0.0019
Na^+	3.381	3.381	3.372	3.39	3.39
K^+	0.01	0.01	0.01	0.01	0.01
Mg^{2+}	0.00014	0.000075	0.00092	0.00042	0.00043
Ca^{2+}	0.0089	0.0051	0.0061	0.0045	0.00024

典型的 Arab 组地层水的 Na^+ 和 Cl^- 浓度远远高于典型的海水，也具有较高的 SO_4^{2-} 和 HCO_3^- 浓度。其主要特征继承自早期回流白云石化的蒸发水，并与白云岩—方解石—石膏—硬石膏岩石序列达到平衡。溶液的离子强度大于 3.0，因此采用 Pitzer（1973）方程计算水活度系数。USGS 的数据库（Palandri 和 Kharaka，2004）可用于计算动力学常数。

地球化学模拟参数受到约束，包括推测的埋藏曲线、压力（p）和温度（T）。同时，在这期间岩石发生了不同的胶结/溶解过程。对流流体的流速在 0.1m/a 到几十米每年之间变化。约束条件参考 Machel（2004）和 Whitaker 等（2004）这两篇文献，研究人员编制了盆地中不同水文驱动条件下不同流体的流速信息。

模拟过程设定在一个长为 dx（m）的盒子中，增加了速度为 v（m/a）的水平流体，可以进行热力学反应路径计算。首先，在给定的温度和压力下，创建一种原地流体并将其设定为与矿物组合处于热力学平衡状态。在动态模拟过程中，由于流体化学（Mg^{2+}、Ca^{2+}、SO_4^{2-}、CO_2 浓度或盐度）或温度（℃）的微小变化而失去平衡的流体被注入。在每次模拟过程中，温度和压力条件保持不变。运行封闭系统可以确定流体与岩石的平衡时间。随后，选择在开放系统中创建的水平流体速度，设定在完全平衡之前，流体离开长度为 dx 的盒子。在成岩事件中，溶解或沉淀的岩石三维体积是从 CT 图像中获得的（表4.9；见第2章和第3章）。

表4.9　阿布扎比 Arab 组3个样品的显微 CT 图像分析及 XRD 定量成岩作用（据 de Boever 等，2012）

样品	溶解（μm）	体积	百分数	总孔隙度（%）	孔隙度（%）	最大体积渗透团簇（%）	白云石（%）	硬石膏（%）	天青石（%）	方解石（%）	黄铁矿（%）	沥青（%）
样品 A	3	27mm³	体积分数	14.3	5.5	0.7	85.3	3.7		9.6	0.1	
			质量分数				86.4	3.7		9.7	0.1	
			XRD 定量分析				87.3	1.5		10.6	0.6	
样品 B	7	0.8cm³	体积分数	22.7		22	53.5	24		—		4.5
			质量分数				69	31				5.5
			XRD 定量分析				71.4	22.4		1.5		4.7
样品 C	1.5	6.7mm³	体积分数	16.4		15.2	74.4	8.1	1.1			
			质量分数				88.1	10	1.8			
			XRD 定量分析				95.4	3.6	1			

对于每次模拟，我们只处理一个溶解或沉淀反应（表4.10），不需要考虑两相（方解石和白云石）的置换过程或同时溶解。根据一个或多个场景，笔者模拟了各种成岩过程，所选择的场景基于研究了区域地质背景的文献。确定成岩事件的最大持续时间有助于剔除不符合实际的情况。

表4.10　用于模拟反应路径的化学和物理输入参数的样本

白云石溶解（时间0到时间1）		
$\Delta\phi$	0.07	
颗粒半径（m）	0.01	
时长（Ma）	未知（假设40Ma）	
CO_2（mol/kg）	0.015	0.05
有效速率（m/a）	10.0	20.0
冷却温度（℃）	$\Delta T = 10$	
温度（℃）	85	95
硬石膏沉淀（时间1到时间2）		
$\Delta\phi$	0.09	
颗粒半径（m）	0.01	
时长（Ma）	40	
SO_4^{2-}（mol/kg）	0.07	
Ca^{2+}（mol/kg）	0.005	
有效速率（m/a）	0.1	2.0
Na^+（mol/kg）	3.42	2.82
Cl^-（mol/kg）	3.3	3.7
温度（℃）	95	105

注：单元格灰色部分表示灵敏度分析中输入参数的变化范围值（表4.8）（Boever 等，2012）。

计算出的反应速率（白云石和硬石膏在单位时间内的溶解/析出）反映了现实空间中地球化学溶解/析出的速率，笔者假设在"完全混合"的情况下，该速率与孔隙结构的变化无关。如文献或盆地模拟（埋藏史）中所证实的那样，不论是 CT 图像得到的溶解或胶结的岩石体积，还是成岩事件（Ma）的最大地质持续时间，它们都说明为了获得足够快速的反应过程，在小尺度上研究非平衡地球化学体系是必要的。

最后，该方法提供了一种不需要流体运输模拟来计算成岩过程（即白云石溶解和硬石膏胶结，表 4.10）对围岩矿物和孔隙度影响的方法。运算结果可以用来约束反应性孔隙网络建模（R-PNM；de boeve 等，2012）。同样的工作流程也可以应用于更大的盆地规模，从而可以评估孔隙度破坏（胶结/堵塞）或孔隙度增强（溶解）的相对程度。在这个阶段，得到的结果存在一些不确定的参数，但利用它们可以获得有意义的趋势。

4.1.3.2　2D 地球化学反应输运模拟：回流白云石化作用

世界范围内，相当数量的烃类都储存在白云岩中。在高产的中东地区，主要的油气聚集在回流成因的或与回流成因有关的白云岩储层中（例如二叠系 Khuff、侏罗系 Arab 组；Fontana 等，2014）。回流系统是指一个概念模型，通过盐水（高盐流体）的重力向下流动导致白云石化（Adams 和 Rhodes，1960）。为了建立储层模型和应用改进或提高采收率（IOR/EOR）方法，必须正确认识回流白云岩的非均质性分布及其对储层物性（孔隙度和渗透率）的总体影响。回流白云岩与台地内部的蒸发岩（萨布哈）有内在的联系，它们都被认为发生在沉积作用之后的相对早期。它们与蒸发条件有关，通常含有硬石膏。

图 4.38 显示了回流白云岩的主要特征：与台地内部（和层序边界）相联系，白云岩含量向下递减，横向连续性好而纵向连续性差，存在丰富的斑片状非白云岩带（蒸发岩和泥质沉积物）（Adams 和 Rhodes，1960；Sun，1995；Cantrell 等，2004）。回流白云岩中的蒸发岩含量通常因为溶解或置换（方解石、白云石或硅）而消失，特别是在露头处。这并不意味着在当时没有发生白云石化作用，也不意味着

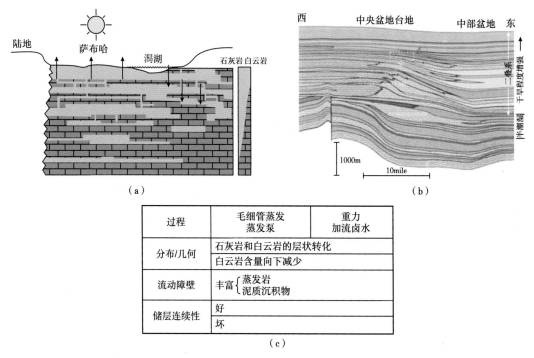

图 4.38　回流白云岩模型的一般特征

（a）侧向和垂向白云岩分布示意图（箭头表示流体流动）；（b）回流白云岩（粉红色）与台地内部，可以从地震剖面解释和层序地层学模型中推断；（c）回流白云岩储层的主要特征

没有与白云石发生成因联系。此外，一些研究人员对回流模型进行了完善，使其包括中盐度流体，这些流体不会导致蒸发岩的沉淀（Simms，1984；Whitaker 和 Smart，1990；Melim 和 Scholle，2002）。地球化学数值建模可以帮助确定蒸发岩矿物（如硬石膏）是否会沉淀，以及沉淀到何种程度。

为了获取白云岩前缘的时空位置以及硬石膏含量，预测工具的应用是必要的（图 4.39）。未发生白云石化的泥质层和硬石膏起着屏障作用，这确实在储层划分中起着重要作用。另一个相关问题是过度白云石化（白云石胶结物堵塞晶间孔隙），它可能会导致白云石岩体内产生非渗透带。所有这些观察结果（在调查和描述露头时）都必须考虑在内。

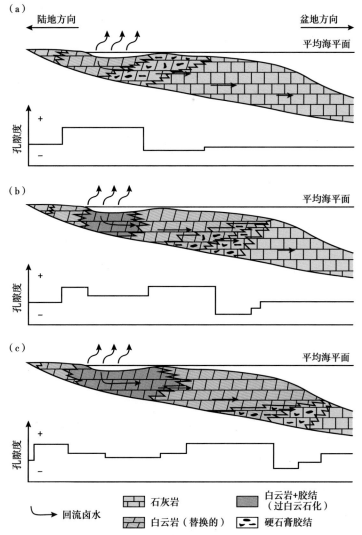

图 4.39　回流白云石化概念模型，包括方解石置换和白云石胶结物沉淀两个过程
（过度白云石化）（据 Jones 和 Xiao，2005）
白云石和硬石膏的时空分布及其对孔隙率的影响，通过三个时间段来说明回流白云岩前缘的演化

Jones 和 Xiao（2005）采用二维数值反应输运模型（Bethke，1996，2002）系统地研究了回流体系中交代白云石化、白云石胶结、硬石膏胶结和孔隙演化的时空分布（图 4.40）。经过测试，高盐度和中盐度的液体都会导致回流白云石化。根据已建立的二维模型，硬石膏胶结物在空间和时间上与白云石化作用相关，继而降低岩石孔隙度。二维模型被用作一种数值工具来进行一些敏感性分析。据此，Jones 和 Xiao（2005）证明了白云石化和硬石膏胶结的速率主要与流速和卤水化学有关。他们还强调，温度和反应表面积控制了白云石化的速率（图 4.41）。

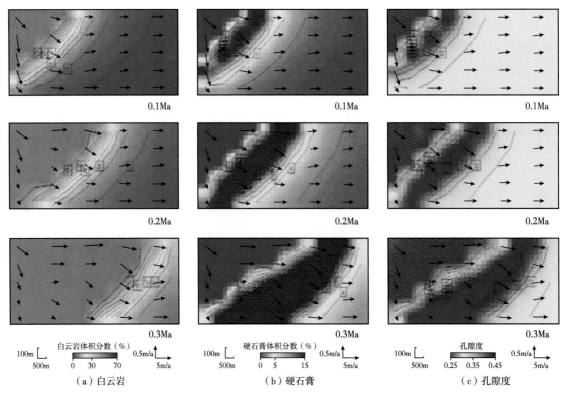

图 4.40　回流白云石化二维地球化学 RTM 与原始卤水在 50℃、三个时间段（注入流体开始后 0.1Ma、
0.2Ma、0.3Ma）的模拟结果（据 Jones 和 Xiao，2005）

（a）回流白云岩前缘的演化（等值线间距=5%）；（b）硬石膏在白云岩前缘的演化（等值线间距=2%）；
（c）白云岩前缘和硬石膏—胶结物沉淀过程中的孔隙度演化（等值线间距=0.02）

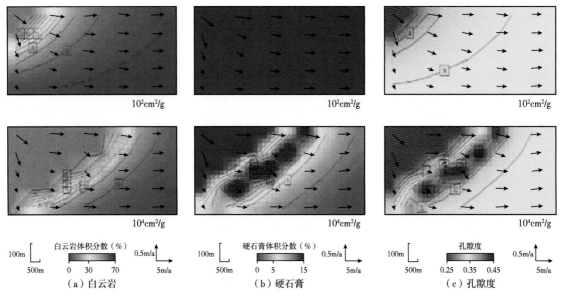

图 4.41　灵敏度分析的典型实例：反应表面积（$10^2 cm^2/g$ 和 $10^4 cm^2/g$）对模拟白云石和
硬石膏沉淀以及孔隙度的影响（据 Jones 和 Xiao，2005）

（a）具有较大反应表面积的白云岩前缘的面积明显较大（等值线间距=5%）；（b）反应表面积较小（等值线间距=2%），
无硬石膏析出；（c）基于所选反应表面积值（等值线间距=0.02），对孔隙度大小和范围产生的主要影响。所有图形
均表示同一时间段的模拟结果（注入流体开始后 0.2Ma）

Jones 和 Xiao（2005）提出的二维地球化学反应输运模型展示了白云石化前缘与相关硬石膏和白云石胶结的演化（图 4.40）。类似模型（该模型也在 IFPEN 时利用 ArXim Coores™ 进行了复制；Masoumi，2009）的主要关注点包含在白云岩前缘形成过程中矿物非均质性和孔隙度的正演模拟。这不一定意味着绝对的定量分布结果，而主要是成岩趋势解释了在类似地质体中能够观察到的储层非均质性。

RTM 也可以用来测试某些控制因素对白云石化过程的意义。例如，反应表面积的大小对白云石化和硬石膏沉淀的影响很大（图 4.41）。因此，这些模型可以进一步成为研究和确定特定成岩过程（时间—空间）关键控制因素的优秀工具。

4.1.3.3　三维地球化学反应输运模拟：致密白云石化作用

地球化学反应输运模型也可用于三维构形，以探测流体流动路径和相关流体—岩石相互作用。此外，在一定程度上（在不同的尺度上）这是可以实现的（盆地、储层、柱塞；de Boever 等，2012）。Consonni 等（2010）将数值地球化学 RTM 应用于 Po 平原侏罗系 Malossa 古隆起的压实驱动白云石化（图 4.42）。本节的目的是调查白云石化流体的起源和演化，以便更好地了解 Po 平原上潜在的白云石化储层的分布。

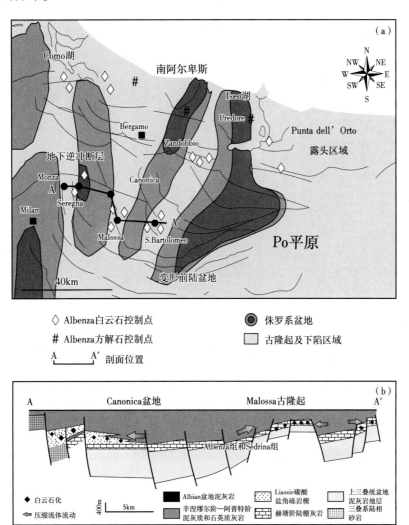

图 4.42　Po 平原和南阿尔卑斯山脉侏罗系的古地理构造简化图和剖面图（据 Consonni 等，2010）

（a）盆地和古隆起分布以及图（b）中的剖面位置；（b）中白垩统的地质剖面，假设存在盆地压实流体，
Malossa 古隆起（箭头）受到的影响

  Consonni 等（2010）的工作假设（或概念模型）包括盆地沉积物的压实作用和从盆地上斜坡流出至附近古隆起碳酸盐岩的流体（图 4.42）。因此，这些复合流体可以认为是由 Canonica 盆地西部边缘（斜坡角砾岩）和邻近的 Malossa 古隆起碳酸盐岩驱动的。

  首先，建立了一个覆盖研究区（约 30km×30km）的数字盆地模型，即盆地及其邻近的古隆起（图 4.43）。模型包括目的层层段：Medolo 群基底（侏罗系）至 Maiolica 组顶部（下白垩统）。

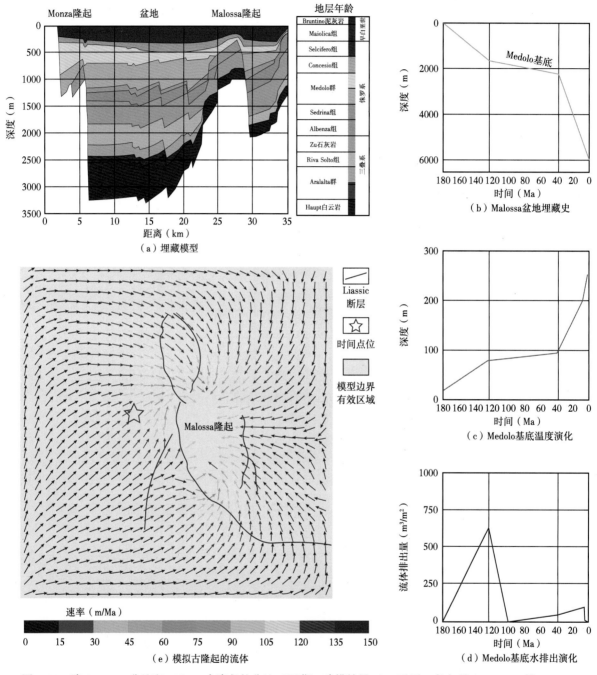

图 4.43 跨 Canonica 盆地和 Malossa 古隆起的盆地（埋藏）建模结果（Po 平原，意大利；Consonni 等，2010）

(a) 二维（东西向）埋藏模型，表现了盆地和古隆起的特征，其中，基准面为下白垩统顶部；(b) 和 (c) Medolo 群底部的埋藏/热历史曲线［位置见 (e) 中的五角星］；(d) Medolo 群埋藏和压实期间的流体排出历史曲线—高排出率似乎持续了 20Ma；(e) 模拟盆地内 Malossa 古隆起的流体，盆地面积约为 30km×30km

　　虽然压实流体被认为来自 Medolo 群，但模型的最上部（下白垩统）被泥灰岩封闭。因此，系统被适当地向上约束。盆地模型可以计算盆地的埋藏、热演化以及相关的流体排出历史（图 4.43）。这意味着模型可以约束流体排出量和流体流向古隆起的时间范围。通常，流体随后将绘制在整个模型和古隆起上，由此导致了普遍的白云石化作用（图 4.43e）。

　　一旦确定了这些约束参数，Malossa 古隆起地区的地球化学反应输运模型在大区域盆地模型中就嵌套起来了。为了研究白云石化的结果和相关的孔隙演化，同时还采用了几种方案并进行了试验（图 4.44）。

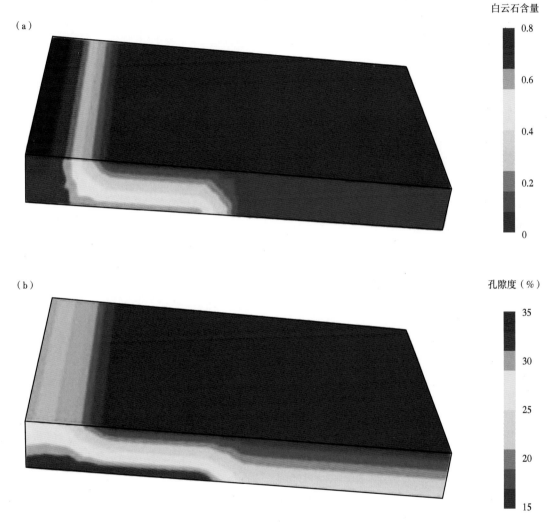

图 4.44　Malossa 古隆起（嵌套在区域盆地模型内并受其约束）的三维地球化学反应输运模型（RTM；带 Toughrecact 代码），流体流动时间设定为 2Ma（据 Consonni 等，2010）

（a）白云岩前缘中，白云石体积占比高，且这些岩石分布在渗透性更强的下伏层位（Albenza 组）；

（b）模拟结束时的孔隙度体积分数，Albenza 组白云石化后的孔隙度从 25% 增加到 35%

　　由于白云石化主要受流体流动影响，断层会成为相应的流动路径。以建立的模型为工具，研究断层（即具有较高原始渗透率的通道）对白云岩前缘演化的影响（图 4.45）。特别地，笔者分析了断层方向对流体流动的影响。本书认为，由于裂缝带的存在，白云石化作用可以提高孔隙度（图 4.44），由此形成的白云岩前缘构造和断层方向对储层性质产生了相当大的影响。

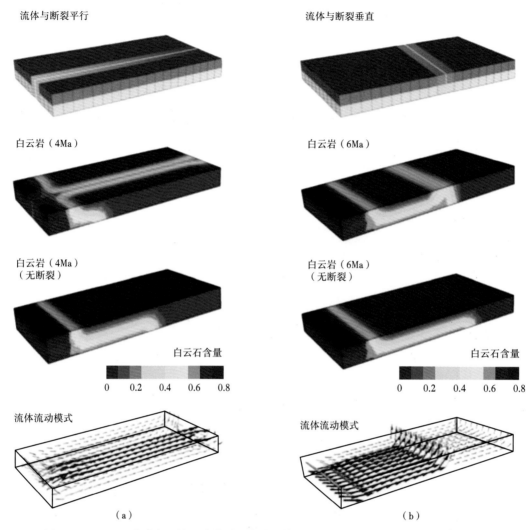

图 4.45　Malossa 古隆起三维地球化学反应输运模型：该模型突出了断层及裂缝两种不同
构造的影响（据 Consonni 等，2010）

（a）4Ma 的白云石化作用，流体沿着断裂平行流动；（b）6Ma 的白云石化作用，流体沿着断裂垂直流动。在这两种情况下，白云岩含量分布均与无断裂存在的情况相比较。此外，还展示了各自的流体流动模式。相对于流体来源而言，白云岩前缘的演化受断裂带的存在和走向的影响很大。这种情况已被证明可导致不同的储层性质分布，例如孔隙度

4.2　未来的展望

流体—岩石相互作用（成岩作用）的数值模拟实际上是一门新兴的地球科学学科。上述三种不同的模拟围岩成岩特征和成岩作用的方法仍在发展中，并将在今后的研究中得到进一步的改善。数值工具需要处理更复杂的算法和工作流程，以便形成可行的解决方案，同时应该考虑影响储层性质的关键成岩过程。目前，在石油工业领域，数值模拟在提高采收率（EOR）技术等方面不断发展和应用，同时其应用也帮助人们更好地利用地下资源，如水、天然气、石油储存（如 CCS）以及地热能的生产。

4.2.1　基于几何的建模

岩溶网络是碳酸盐岩成岩溶蚀作用的结果。如今，针对岩溶网络都采用了基于几何形状的模拟方法。利用先进的三维成像技术对可探测的岩溶网络进行刻画，随机生成岩溶通道的包络线及验证

集（至少部分处于探知的岩溶网络），未来将着眼于研究计算机生成的几何形状和相关流体流动的影响（Rongier 等，2014）。这实际上是在显微 CT 尺度上实现的，同时可以预测更大的尺度。此外，一旦在岩溶通道内完成流体流动模拟，就可以评估其中的沉积作用，从而预测通道内流体的流动或岩石充填演化。这类研究可适用于水文地质和岩土工程，同样也适用于包括通道流体在内的其他地下过程（例如热液成岩作用）。

根据地质体的几何形状或它们的空间相互关系，例如 Ranero 热液白云岩露头，建立地质体模型是一种表征油藏的有效方法。该方法可以很好地与遥感、摄影测量方法相结合（见第 3 章）。一旦生成了地质模型并随后得到了现场数据的验证，就可以将其应用于已知的具有类似成岩相的地下储层。不过，这必然会存在不确定性，需要妥善处理。

4.2.2　地质统计学模型

通过地质统计学方法，笔者模拟了阿布扎比（UAE）海上油田储层中岩石结构、成岩相和岩石物理性质的分布，为孔隙度和渗透率的空间非均质分布提供了有意义的表征。沉积相并不是控制碳酸盐岩储层岩石物性的唯一主要参数，因为它会被漫长的成岩历史所覆盖（Labourdette，2007）。因此，为了模拟成岩作用对储层孔隙度和渗透率的影响，研究人员开发了涵盖多个步骤的针对特定准层序的具体工作流程。这种地质统计学建模的主要目的是以一种有效的方式填充控制点（如井）之间的数据。

虽然针对特定成岩过程的算法正在不断开发和进一步改善中（即新的地质统计学方法），但各种类型数据（如测井数据和地震数据）的集成能够更好地重建岩石结构分布（Lerat 等，2007）。同时，沉积相（岩石结构）和相关成岩相的 bi-PGS 以及与之适应的嵌套方法正在开发中，这将产生非常有趣的结果。

目前存在各种不同的仿真方法，并已在上面介绍了几种。笔者强烈建议对所应用的变差图（即垂直、主要水平和次要水平范围）和不同的模拟方法（如多分辨率和序贯指示模拟 SIS）进行测试，以创建最真实的相分布。最终选择哪种方法取决于其结果在地质上是否合理。

结果模拟（图 4.27 和图 4.37）仅表示多个模拟实现图中的一个可能图像。模拟结果的多样性与某些配置参数以及不确定性有关：（1）岩石结构、胶结物含量的不确定性等；（2）属性之间关系（岩石结构—成岩作用—岩石物理）的可信度；（3）仿真工作流程中使用的井数；（4）基本适合于个案研究的地理统计方法；（5）地质统计参数，例如，岩石结构比例、作为约束的属性地图、变异函数的范围和方位角。

因此，为了更好地评估所使用的方法和参数带来的影响，敏感性研究（包括不确定性分析）必须与成岩作用的地质统计学建模相结合。对于业内项目，这种方法可以生成最具有代表性的概率分布图或风险图，这类图使得研究人员在特定单元中发现特定相、成岩驱动因素或储层性质具有了可能性。此外，盲井可以用来检验模拟参数的可预测性。

4.2.3　地球化学模型

反应输运模型（RTM）经常被用于处理特定的成岩作用过程（如上所述的回流白云石化作用）。这种基于过程的方法仍然受到以下因素的制约：难以定量地验证模拟结果，存在若干动力学和热力学不确定性，以及对孔隙/渗透率关系（主要是在蚀变碳酸盐岩中）认识不足。在不久的将来，这三个问题必将成为热点研究领域。

在这一阶段，地球化学模拟（无论有无运输）仍然可以用于了解某些成岩作用及其对围岩矿物和孔隙度（更小程度上，甚至是渗透性）的影响。我们可以根据过程（其范围和持续时间）和数值工具，选择在不同的尺度下（从孔隙到储层再到盆地）进行（Jones 和 Xiao，2005；Consonni 等，

2010；de Boever 等，2012）。

地球化学反应输运模型（RTM）也已成为当今研究的热点（Jones 和 Xiao，2005；Consonni 等，2010）。该模型有望在不久的将来得到进一步的发展，并集成到油藏模拟中。IFPEN 已经进行了几项研究，并进一步开发了 ArXim 和 COORESsoftware™ 包。因此，数值模拟成功地再现了白云岩前缘演化（回流和热液）以及与裂缝相关的白云石化作用。但是，难点在于如何对仿真结果进行充分的验证。

4.2.4　综合地质模型

成岩作用的数值模拟将在新一代综合地质模型的模拟中发挥重要作用。通过基于过程的地层建模软件（Hawie 等，2015）对沉积相的分布进行模拟。随后，可以根据最佳的相分布建立盆地模型，并考虑基于盆地尺度的埋藏历史（提供诸如温度和压力条件以及流体流动等参数；Consonni 等，2010）。盆地建模包中的局部网格细化（LGR）等方法可以将更大的网格单元转换为更小的维度，从而使油藏模型嵌套在更广的盆地模型中（约束的边界条件）。成岩作用研究将有助于绘制沿埋藏曲线的岩石—流体相互作用（共生）序列。定量成岩作用提供了"成岩作用图"，可以显示所研究的成岩相的比例和体积。利用地质统计学方法或地球化学反应输运模型，可以模拟成岩相的分布及其对储层性质的影响。最终的结果将生成非均质性油藏模型，该模型嵌套在大尺度盆地模型中，且与成岩作用相关并具有良好约束（图 4.46）。

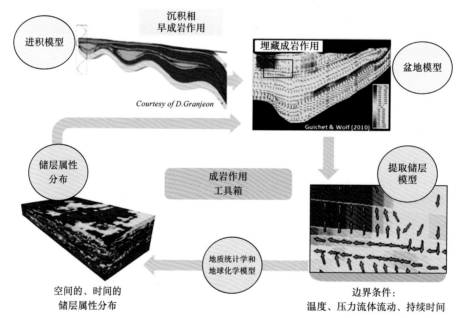

图 4.46　面向综合盆地或储层的地质模型：盆地和储层尺度综合地质模型建模方法的工作流程示意图
盆地尺度模拟提供了与覆盖盆地复杂历史的沉积相分布和流体演化有关的约束条件；被研究的储层嵌套在盆地模型中，
并受控于计算的边界条件；地质统计学或地球化学 RTM 方法可用于成岩作用中储层非均质性的定量推断

4.3　讨论

前几章笔者讨论了成岩作用的形成过程、成岩作用的定量结果及其对沉积岩的影响。实际上，表征和定量这两个阶段对于提出地质上合理的数值模型是必要的，且这个数值模型是能够验证特定假设的。在这里，数值模型可以看作一种用来提供附加论据的工具，目的是肯定或否定成岩作用的概念模型。最终，某些建模技术有望对储层性质的分布和演化进行定量模拟。因此，对于改进油藏模型以表述储层复杂的非均质性，这些建模技术可以看作是迈向该方向重要的一步。与前几章相比，成岩作用数值模拟的研究仍处于早期发展阶段。

基于几何的建模涉及对象距离和几何关联的模拟，最终得到静态模型。该方法（改进的 ODSIM-object-distance 仿真方法）已应用于岩溶网络骨架周围的三维包络线仿真（图 4.2；Rongier 等，2014）。类似的方法正在开发中，而且是未来热点的研究方向。它们在水文地质学、环境科学和油藏工程等领域有着广泛的应用。笔者已经提到过岩溶网络模拟与微尺度孔隙空间模拟的相似性。通过研究更大的、可探知的喀斯特网络，我们可以在油藏建模中改进孔隙空间建模和相关的流体流动模拟。如上所述，基于几何建模的另一个应用则涉及表面暴露的 Ranero 白云岩地质体（西班牙北部；见图 1.7）。这些与裂缝相关的热液白云岩的概念和定量成岩作用研究结果已在前几章和几篇已发表的论文中进行了讨论（Shah 等，2012；Dewit，2012；Swennen 等，2012）。通过航空和卫星照片（见图 2.1）对暴露的白云岩和裂缝进行野外标记测绘以及相关的地质研究，我们能够建立一个三维静态模型来表示岩石相和白云岩的分布。后者的分布是基于断层的几何关系（即离裂缝的距离）和白云石化概念模型。这不是一种预测技术，而是一种将成岩特征分布有意义地进行表述的方法。此外，它还相当局限于可用的定量数据。例如，仅通过对地表暴露岩石的研究，在深度或垂直范围内的验证性就很弱。利用改进的模拟研究（如第 3 章所述）结合其他方法（如反射地震勘探），可以在这一方面发挥重要作用，并为进一步约束储层模型提出更好的解决方案。

近年来，地质统计学方法受到越来越多的关注，并被广泛应用于油藏建模。这些方法不会导致超前预测模拟，但它们却改进了基于概率的属性静态分布。地质统计方法开发的算法背后的确切科学理论超出了本书讨论的范围。尽管如此，笔者还是试图总结常用参数和仿真方法的基础知识。关于方法的更详细讨论，读者可以参考 Le Ravalec 等（2014）和 4.1.2 节（地质统计学模型）中提到的参考资料。笔者更愿意强调根据模拟数据的类型（即分类的、连续的）对常用的地质统计方法进行分组。例如，如果输入数据是"类别"（或"指示符"），则应用特定的方法（SIS、Truncated 和 PluriGaussian、MPS）。沉积相、岩石结构、胶结物甚至孔隙度的半定量数据（以赋存量和丰度级别表示）可以认为是分类变量。其他方法如序贯高斯（SGSim）和 FFT-MA 更适合用于连续数据。使用最合适的方法（某种程度上由输入数据的类型和数量控制）将确保得到有意义的输出。但对于那些想探索地质统计学模型的研究人员来说，这反而是值得警惕的。

地质统计学方法的总体思路是建立一个受沉积学和沉积环境概念控制的岩石结构分布模型，然后叠加相关的成岩作用。在理论上，这种方法是可行的，但存在一些局限性。其中一个直接的问题是，所研究的样品已经被一系列复杂的成岩相叠加。这里，笔者强调"定量成岩作用"在区分成岩相（叠加）的实际影响方面具有的重要作用。由于定量成岩作用也很难实现，因此统计分析（如第 3 章所述）可能会提供某些"趋势"，这些"趋势"可通过地质统计学建模进一步得到检验。笔者将这一理论应用于阿联酋阿布扎比近海油田的 Arab 组 D 段油藏（Morad，2012）。基于先前涉及对整个油田进行描述和定量成岩作用的研究项目（Liberati，2010；Morad 等，2012；Nader 等，2013），笔者编制了一套完善的数据集，可用于案例研究，以构建一个能够通过地质统计学方法获得 Arab 组 D 段储层非均质性的完善的储层模型（CobraFlow™ 的原型）。笔者在之前提到过整个油田所调查的岩石序列所处的地质背景（Nader 等，2013）。然后，也介绍了岩相分析和统计分析的基本要素，重点提到了两个增强储层物性的成岩"驱动因素"。这些与泥质岩石结构中的多相共生方解石过生长胶结物（SCOC）和白云石化程度有关（表 4.1）。

首先，对研究区（油田）岩石地层的岩石结构分布（分为三大类：泥质/粒泥、泥粒、颗粒；图 4.27）进行模拟。这是通过考虑沉积环境的范围而实现的。然后对共生方解石过生长胶结物（SCOC）和白云岩分布进行建模（图 4.31 和图 4.32）。利用 SCOC 丰度比例图（见图 3.4）作为属性图来约束 SCOC 分布的地质统计学模拟。之前的统计分析（使用 EasyTrace™）已在第 3 章（图 3.3）中展示，并在表 4.1 中进行了总结，在考虑或不考虑"驱动因素"的情况下，对各种岩石结构的平均孔隙度和渗透率进行了估计。这些平均值与岩石结构还有成岩"驱动因素"的模拟分布一起，用于在模型中确定和简化储层属性（孔隙度和渗透率）（图 4.33 和 4.34）。在这个阶段，我们并不能保证得到的地图能准确反映研究区实际的分布情况。尽管如此，笔者主要想强调的是工作流程的可行性。盲井测试可用于改善这一工作流程。此外，某些使用了参数和不确定度来进行敏感性分析是非常有益的。最后，模拟结果可视为分布的概率图。

从地质学角度，Arab 组 D 段模拟实例研究表明，Arab 组 D 段的浅滩相（已知储层岩石类型最好，其次是潟湖相和外斜坡相）具有十分明显的储层非均质性。地质统计学模型有助于说明这种油藏非均质性的广义分布。基于相互关联的岩石结构、成岩"驱动因素"和孔隙度的工作流程可以成为备用的地质统计学建模方法（如 PluriGaussian）。

地球化学模拟方法是基于过程的，其目的是通过及时有限的时间，对化学反应和流体—岩石相互作用进行预测和正演模拟。模拟的结果可以由零维（0D）模型输出（通过 ArXim、PHREEQ-C 方法），从而可以测试化学反应和结果。例如，温度高于 100℃ 的正常海水是否会析出白云石？析出到什么程度？这个过程可以看作发生在一个盒子中，其中液体、矿物和气相的化学相互作用是在特定的温度和压力下，在一定的时间内计算出来的。该方法已应用于白云岩储层硬石膏封堵胶结物显微 CT 和图像分析定量表征的框架中（de Boever 等，2012）。表 4.8 至表 4.10 给出了用于进行 0D 模拟以重现白云石溶解和硬石膏胶结的定量数据和主要条件（如温度）。这一工作流程与反应性孔隙网络模型（PNM-R）相结合，可以估计每一种成岩相与 ArXim 模拟孔隙度之间相关联的渗透率值（de Boever 等，2012）。

地球化学反应输运模型（RTM）将地球化学建模与反应输运相结合，从而在一维到三维环境中模拟流体流动和相关的流体—矿物相互作用。从本质上讲，在 RTM 中必须考虑孔隙或渗透率关系，但其精度仍然是一个具有挑战性的难点——也是未来研究的一个很好的主题。本章以二维和三维地球化学 RTM 为例，研究了不同的白云石化机制。Jones 和 Xiao（2005）以及 Consonni 等（2010）在 Marjaba 热液白云岩前缘也应用了类似的二维地球化学 RTM，使用的是 ArXim-Coores，见第 2、3 章（图 4.47）。

通过地球化学 RTM，可以得到白云岩前缘交代白云岩和胶结白云岩、硬石膏胶结物和孔隙的时空分布（Jones 和 Xiao，2005）。第一，在白云岩生长前缘周围形成的硬石膏胶结前缘（图 4.47 中也有显示）可以解释附近的硬石膏胶结既存在未白云石化的石灰岩，也存在白云石化的部分。从而，我们能够进一步认识此类白云岩地质体的非均质性。第二，在白云岩流体来源处产生的过度白云石化作用（白云石胶结封堵孔隙度），如果没有经历最终的压裂，流体将会停止流动，从而导致白云岩前缘的进一步生长。这对油藏特征描述也起着重要的作用，因为靠近白云石化流体来源的区域是致密的。除此之外，Jones 和 Xiao（2005）提出的模型还可用于敏感性分析和输入参数的排序，这些输入参数在模拟结果中扮演着重要的角色。这种敏感性分析的一个典型例子如图 4.41 所示，反应表面积会显著影响通过模拟得到的白云石和硬石膏的体积。

第二个案例研究包括一个更大的综合项目，该项目应用盆地建模来提取约束三维油藏规模的地球化学反应输运模型的边界条件（Consonni 等，2010）。该工作流程适用于假定为压实驱动的白云石化过程，该过程对侏罗纪 Malossa 古隆起（Po 平原，意大利）产生了影响。Consonni 等（2010）认为，白云石化作用和孔隙度演化的模拟结果（图 4.44）得到了岩心的验证。他们强调了断层和裂缝（存在与否、方向）对白云岩体积和形状的影响（图 4.45）。本节的主要焦点在于这个充满吸引力的工作流程将油藏 RTM 嵌套在更大的盆地尺度模型中，达到约束边界条件的目的，从而获得可行的结果。这一工作流程必将进一步应用于盆地或储层尺度的综合研究项目中。

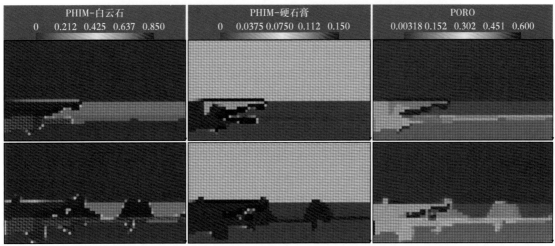

图 4.47　黎巴嫩中央山脉的 Marjaba HTD 露头，使用 ArXim Coorestmr 对热液白云岩前缘（白云石、硬石膏和孔隙度）的形成进行地球化学 RTM 模拟的结果（图 3.9 也有展示）

模型宽约 340m（68 个单元，每单元为 5m），厚约 144m；Marjaba HTD 长约 250m

　　最近，人们提出了不同尺度下、利用不同工具实现成岩作用综合数值模拟的方案（图 4.46）。在这里，研究的尺度（无论第 3 章的定量分析，还是本章的建模）决定了所使用的方法和工具。例如，我们可以设想在更大的盆地尺度上，用地层和埋藏模型来展示岩石结构和当时的压力和温度条件。0D 地球化学建模可以帮助检验某些成岩过程的存在与否（甚至可能受到矿物共生序列的约束，已在第 2 章中讨论）。地球化学模型能够快速、简单地对含水带（海洋、大气和混合带）中的孔隙度演化进行评估，而上述含水带通常影响碳酸盐岩台地（Paterson 等，2008）的生长。最终，笔者建立的工作流程可能与碳酸盐岩台地的进积层序模型相关联，同时考虑了早期成岩作用的影响。此外，油藏尺度模型可以嵌套在更大的盆地尺度中，而这得益于一般的边界条件。当尺度规模较小，应该采用不同的方法来定量描述成岩作用，并应用地质统计学或地球化学反应输运模型。由此产生的模拟结果将展示出油藏的非均质性，并可通过局部网格细化（LGR）技术重新嵌套在盆地模型中，在当中通过模拟流体流动进行恢复。

4.4　成岩作用数值模拟的进展

　　新的建模工具、方法和工作流程正在出现，用于研究成岩相或过程及其影响或是对不同规模的储集岩进行数值模拟。无论是基于几何、地质统计学还是地球化学的方法，其结果不一定是自然岩体的精确再现，而是在一定程度上对具体事物的解决方案。

在"数值模拟术语"中，与"成岩作用"相关的参数与所使用的方法不同。在应用地质统计学（和基于几何的）方法时，模拟涉及共存变量（胶结物、孔隙度、渗透率）的最终状态。建模方法试图根据地质概念和概率（例如，相关沉积相和特定成岩相）对这些变量的空间分布进行展示。基于过程的地球化学建模方法将成岩作用看作是随时间不断演化的变量；如方解石的不断溶解，白云石的沉淀。因此，模型可以模拟成岩相的连续时空分布，从而验证和检验笔者提出的概念。最终，通过这种基于数值过程的模拟，笔者所提出的共生序列［已经被量化了（见第3章）］变成了动态的。

一般而言，研究人员应提出能够处理复杂成岩过程的新算法（如嵌套相或成岩作用地质统计方法；Doligez 等，2011）。尽管如此，模拟结果（例如，基于几何形状、地质统计学、地球化学反应输运模型）必须是有效的，这是一个重要的前提。然后，应用足够的不确定性分析来评估建模成功实现的概率（Koek 等，2015）。

笔者提出了几种基于工业数据（来自成熟油田）的地质统计学方法，以实现成岩相的地质分布及其对储层性质的影响（图4.37）。结果的实现并不一定是重复自然条件下的情况，但它们提供了大致的趋势，并为定义敏感性分析的关键参数提供了进一步的参考。

笔者将地球化学建模与显微CT和PNM相结合，试图量化和预测碳酸盐岩储层的三维孔隙空间演化（de Boever 等，2012）。最近，笔者利用ArXim已经完成了流体—岩石地球化学模拟的简单实例，提供了碳酸盐岩台地生长过程中孔隙度减少或增加的直接估算方法（0D模拟）。这样的模块最终可以插入正演地层建模工具中，并根据特定含水带的停留时间（Paterson 等，2008）来帮助预测碳酸盐岩台地生长期间成岩作用的效果。Jones 和 Xiao（2005）以及 Consonni 等（2010）还用地球化学RTM技术模拟了白云岩前缘的演化。地球化学RTM的最终目标是能够预测成岩作用对储层性质的影响。

在一个实际的方法中，简化了的岩石共生序列（时间定义下关键的成岩过程或成岩相）可以整合到盆地和油藏尺度的埋藏史。随后，我们需要开发足够的工具来模拟关键成岩作用的连续过程。这些工具需要能够：（1）整合流体流动和地球化学物质（如Mg、Si、NaCl含量）在盆地和油藏尺度模型之间的传递；（2）定义可靠的孔隙度和渗透率关系，并正确实施（如反应传输模型）；（3）应用足够的不确定性分析。

最后，盆地和储层尺度模型的整合仍是未来成岩作用建模的主要目标。将大规模的约束参数（温度、压力、流体）作为储层的输入数据，是建立可行的成岩作用数值模型的必要条件。将模拟的储层非均质性带回到盆地尺度。盆地尺度的模拟能否考虑特定成岩阶段的变化？这是笔者认为的相关研究项目未来将要面临的挑战。

5 结 论

本章涉及成岩作用的普遍主题及其对储层岩石非均质性的影响。它既是对历史的回顾，也是对未来的展望，其涵盖了迄今为止已被充分研究的方面，并强调了在更大范围内更好地进行定量预测成岩作用所面临的挑战。笔者基于十多年来所从事的研究工作中所获得的经验教训，已在上述章节中进行了详细讨论。

新技术和数值模拟的最新进展将为实现时间约束下的定量成岩作用研究提供更好的工具。未来的工作流程包括三个主要阶段（图 5.1）：（1）构建成岩作用概念模型；（2）量化相关成岩作用相；（3）成岩过程建模。下面讨论针对具体问题提出的解决办法和与这三个阶段有关的预期创新。

盆地分析和建模作为关键的一步似乎为油藏研究提供了更大的框架。因此，未来关于模拟成岩作用的研究方案将包括两个主要部分：（1）流体—岩石相互作用的数值模拟；（2）盆地—油藏综合模拟。为了使这些方案顺利执行，上述每一个部分仍然需要取得长足的进展（图 5.1）。

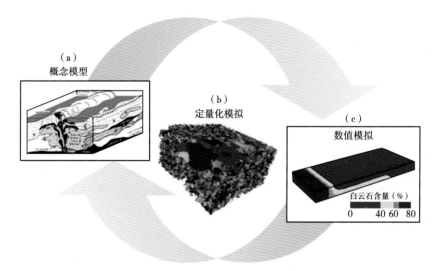

图 5.1 未来处理成岩作用的操作流程

（a）成岩作用的概念研究，例如热液或高温白云石化（HTD；Nader 等，2004，2007）；（b）定量成岩作用方法，例如微型计算机断层成像（显微 CT）图像分析（de Boever 等，2012）；（c）成岩作用的数值模拟，例如白云石化的反应输运模型（Consonni 等，2010）

5.1 表征技术和工作流程

经典的成岩作用研究使用了广泛的描述性分析技术，从而建立了描述特定的、具有相对时间框架的流体—岩石相互作用过程的概念模型，并推断出它们对储层岩石的影响。本书中介绍的目前正在使用的技术结合了岩石学、地球化学和流体包裹体分析。在推断出岩石的共生序列后，通常将其投射到埋藏或热演化模型上，从而可以更好地约束温度、压力条件，以及随后发生成岩作用的时间（Fontana 等，2014）。图 2.23 展示了一个埋藏模型（1D）的例子，主要成岩相被刻画在上面。通过完成这项工作，我们将能够检验与特定阶段相关的假设流程。例如，如果白云石化的过程被认为受到热液作用影响，那么白云石化的析出温度应该同时高于计算的周围的埋藏温度。此外，同样的工作（见图 2.23）将有助于建立成岩作用的数值模型，从而实现基于过程的流体—岩石相互作用的链式模拟，并将其与盆地历史联系起来（下面将讨论）。

由于描述成岩特征意味着分析描述技术，而分析描述通常都基于昂贵的岩心和偏远地区（有时难以获得）采集的岩石样品，因此我们面临的主要问题之一是数据收集和实地观察。因此，我们需要新的工作流程来改进油田（井岩心）数据收集，旨在减少样品（和材料）的数量，同时提高它们的代表性。因此，成岩作用的表征应考虑表征单元体。实地数据收集工作应根据既定目标和研究尺度以及将使用的工具来规划。

更快、更系统地分析沉积学和成岩学特征将有助于处理更多的代表性数据（Nader 等，2013）。我们需要采用新的或先进的分析技术（例如镁和氧同位素分析，U-Pb），以减少不确定性，并对成岩相及其形成条件提供相关的描述（见第 2 章）。

为了成功地将表征方法转向三维层面（见图 2.19），提高岩心和样品分辨率的扫描性能（如计算机断层扫描和图像分析软件开发）至关重要。这必将与新的孔隙空间描述和分类方案一起加以应用，从而与流动特性有更好的联系。

尽管如此，关于成岩作用的新观点和更好的概念模型仍在不断产生。白云石"潮流"与各种白云化模型的提出告诉我们，新的自然研究对象、改进的分析工具、科学的创造力和新的概念正在纷纷出现。在笔者看来，要回答与成岩作用有关的问题，了解更大的构造地层格架是至关重要的。虽然这对于露头研究来说相对容易，但对于埋藏于地下的地质体的研究来说无疑更具挑战性。

5.2　定量技术和工作流程

目前对成岩作用的研究多为定性研究，缺乏定量资料，而定量资料是岩石分型和成岩地质建模的关键。定量成岩作用的创新方法正在出现（其中一些方法已在第 3 章中介绍）。作为可被油藏工程师用作输入数据的数值和验证数值模拟结果的工具，这些技术都具有重要意义。定量成岩作用是实现有意义的、可预测的、能够约束储层非均质性的地质模型的基础。

大量半定量到定量的数据来自行业内部，例如来自成熟油气田的测井和岩心。如今，一项重要的工作是开发能够整合和统计分析如此巨大的岩石学、地球化学和岩石物理数据库的软件和数值工具（Nader 等，2013）。依据笔者的经验，这些工具应该与盆地地质建模包相联系，以便综合改进方法。在另一个层面上，通过遥感和图像分析进行露头模拟研究，为所研究的地下储层提供缺失的三维框架，从而证明其有效性（见图 3.19）。随后，可以设想在放大或缩小研究目标尺度的基础上进行定量分析的工作流程，包括定义最适当的表征单元体。

在样品（岩石）尺度上，仍然需要提高三维扫描的分辨率（如矿物组分、基质和胶结物、宏观和微观孔隙空间）。相关技术的发展需要伴随着基于孔隙空间和网络渗透率模型的改进（de Boever 等，2012）。此外，通过 SEM-EDS、XRD 和 EMPA 的结合，可以进一步将它们应用于成岩相的定量矿物学和地球化学分析（见图 3.8）。岩石热解还可以用来定量矿物种类（见图 3.21）。最后一项创新预计将在未来得到进一步应用。

至于成岩阶段的确切时间，目前仍然难以量化，需要在分析技术上进行重要的改进（如 U-Pb）。这必将有助于将所研究的成岩作用嵌入储层和盆地框架内。

5.3　模型技术和工作流程

与成岩作用数值模拟有关的主题包括特殊的几何和地质统计方法，以及运用地球化学反应输运模型模拟流体—岩石相互作用。如何才能以一种有地质意义的方式来预测与成岩作用相关的储层非均质性分布？如何预测流体—岩石相互作用在不同尺度上的范围和影响？这些都是普遍性的科学问题，可能在不久的将来通过数值模拟得到答案。

在这个阶段，笔者用数值模拟工具所要寻求的目标实际上是成岩"趋势"这个概念。无论选择的建模方法是基于几何形状、地质统计学还是地球化学，其结果不一定能模拟自然物体。相反，建模结果应该为具体问题提供合理的解决方案；同时，也应突出某些似是而非的趋势，以约束所研究的成岩作用对储集岩的影响范围。

每种数值模拟方法（地质统计学与地球化学）都各自考虑了代表成岩作用的参数。对于地质统计学建模，成岩变量是"静态"（最终）值，需要根据预先设定的关系和概率在空间上进行分布。与此形成对比的是，在基于过程的地球化学模拟中则考虑了成岩作用参数。其中，前一种方法的目标是应用概率沉积相和成岩相进行几何构型。笔者在定义经统计证实的成岩趋势（例如白云石化或白云石含量增加，溶解——孔隙度增加，硬石膏胶结——硬石膏含量增加）方面算是做出了一定的成绩。在统计分析的基础上，进一步提出成岩的"驱动因素"（例如，当共生方解石过度生长胶结物丰富时，平均渗透率值是其他情况的两倍）；第3章和第4章详细讨论了地质统计学建模工作流程的应用前景（见图4.37）。笔者期待着将它们应用到案例研究中，其模拟结果可以在后面进行验证。同时，能够处理沉积相和定量成岩数据的涉及复杂计算的新算法正在开发中（例如，嵌套相或成岩地质统计方法；Doligez等，2011）。

基于过程的地球化学模拟考虑成岩参数的动态性和随时间的演化性。这种预测方法旨在计算成岩相（由化学反应引起）的时空位置。基于几何形状的、地质统计学的、地球化学的反应输运模型必须经过验证。另外，必须进行足够的不确定性分析，以评估建模成功实现的可能性。

在Whitaker和Smart（2007a，b）关于沉积学和地球化学研究的基础上，笔者利用ArXim进行了流体岩石（0D）地球化学模拟，以估计含水带在碳酸盐岩台地停留期间的孔隙破坏或增多的情况。这些创新的模块（以及对主要关键因素进行相关敏感性分析的可能性）最终可以插入正演地层建模工具中，并有助于预测碳酸盐岩台地生长过程中的成岩作用。

通过结合显微CT和反应性孔隙网络模型（PNM-R）的地球化学建模，对量化和预测碳酸盐岩储层的三维孔隙空间演化（de Boever等，2012）进行了尝试。利用R-PNM模拟成岩作用则面临两个主要问题：（1）难以模拟晶粒内部的微孔隙度；（2）获得孔隙度—渗透率函数的几种可能路径。第二个的局限在于，我们可以在已知的时间步长上校准模型，但是这些步骤之间的路径不能被约束（de Boever等，2012）。为了用类似的综合方法取得更相关的结果，该方法还需要进一步改进。

采用地球化学RTM技术对白云岩前缘演化进行研究［类似于Jones和Xiao（2005）、Consonni等（2010）采用的方法］，目的是预测成岩作用对储层物性的影响。该方法在软件功能以及用于验证合适的参考案例方面还需要更多的改善。特别是，地球化学RTM工具中包含的孔隙度—渗透率规律需要改进。此外，在RTM模拟中，双重孔隙度和压裂的情况目前还没有考虑，这必须得到适当的解决。

最终，我们将成功地把共生作用（有时间定义的关键成岩过程或阶段）整合到盆地和油藏模型的埋藏历史中。为了达到这个目的，我们需要开发一种新的方法，能够对成岩作用的连续关键过程进行模拟。这些工具需要能够：（1）整合流体流动和地球化学物质（如Mg、Si、NaCl含量）在盆地和油藏模型之间的传递；（2）定义可靠的孔隙度及渗透率关系，并正确建立反应传输模型；（3）应用足够的不确定性分析。

5.4 综合建模工作流程

综合盆地/储层建模包括正向地层（源—汇）、构造和油气系统建模。岩相（用正向地层方法模拟）被转换成埋藏模型。通过增加有关早期成岩作用和对储层性质具有相关影响的地层建模功能，可以优化这种转换方法。因此，在更大的盆地地质模型中，流体流动将受到更好的约束，尤其是在缺乏校准井的东地中海地区的黎凡特（Levant）盆地等新的边缘油气省份（Nader，2014）。

黎凡特盆地模型（Hawie 等，2015）可作为进一步应用盆地—油藏综合建模的参考案例。这样的工作流程可以确保相关储层建模所需的更大规模边界条件，重点是流体—岩石相互作用（Consonni 等，2010）。值得注意的是，虽然大多数成岩作用的概念都是在更大的盆地尺度上界定的，但成岩相（产物）的描述以及它们与沉积岩中岩石整体物理演化的关系仍然停留在储层（甚至露头或岩心）尺度上。在未来的几十年里，扩展和定义表征单元体将成为地质学家和油藏工程师面临的主要挑战。盆地—油藏综合地质模型也可以帮助解决这一挑战，包括解决技术问题和重大的科学问题。

为了达到这个目的，我们需要整合地层、构造和盆地模型，结合有机质分布和流体流动以及地球化学物质的转移。后一项突破使人们对所调查的盆地中某些成岩作用的合理性产生了怀疑。我们不应该忽略裂缝性储层和由此产生的两种流体性质。具代表性的研究样品、扩展尺度和表征单元体的重要性已在这本书中强调。对于裂缝性油藏建模，通常采用生产试验方法。因此，另一个具有挑战性的问题是寻找新的方法来模拟储层的两种流体、基质和裂缝流动特性。

通过这一思路，笔者提出了盆地—储层一体化的工作流程，将大量的约束参数（压力、温度、流体通量）作为边界条件引入到储层尺度中，将储层非均质性回归到盆地尺度中（见图 4.46）。这种方法需要应用和改进诸如局部网格细化等功能，使盆地尺度的网格更接近于储层的网格，便于在更大的盆地模型中嵌套储层模型。"成岩作用建模工具箱"包括几种数值工具（笔者在上面介绍过其中一些，例如地质统计学和地球化学建模），这些工具将模拟该方案中的成岩过程，并估计其对碳酸盐岩储层非均质性的影响（图 5.2）。

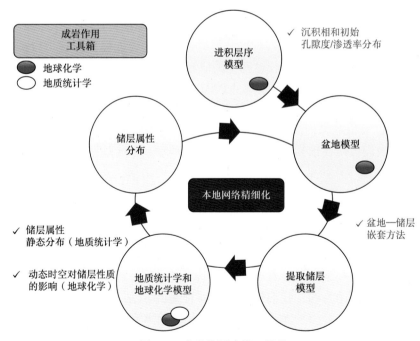

图 5.2　成岩作用建模工具箱

嵌入盆地—储层尺度循环中的若干数值工具（如地质统计学方法和地球化学 RTM），能够模拟成岩作用及其对碳酸盐岩的影响

5.5　发展方向

理解和预测地下储层的非均质性对石油勘探和生产、地热能开发、地下储存和环境修复仍然至关重要。定量成岩作用及其对碳酸盐岩储层物性影响的数值模拟将在不久的将来得到进一步发展。

因此，在笔者看来，碳酸盐岩成岩作用科学研究的发展方向涉及各种不同尺度的数值工作流程：从盆地尺度（使用地震数据、露头、岩心等）到油藏尺度，最后到柱塞尺度。

"尺度"仍然是一个较少被研究但不同尺度之间却相互关联的参数。因此，我们需要一种多尺度的方法来针对性地约束成岩作用。它的挑战在于定义被研究事物的表征单元体（REV）和接下来的具有地质意义的尺度扩展。换句话说，我们需要通过扩展尺度来提高效率，避免数据信息丢失。根据所研究事物的尺度，我们应采用具体的方法。因此，定量成岩有效方法的选择是模拟尺度的函数。

数值模拟的结果将通过成岩作用的定量数据进行验证。为了完成这一工作，应当利用现代定量技术（其中一些仍在发展中，例如团簇同位素、U-Pb）。特别需要指出的是，在碳酸盐岩孔隙空间划分中，需要一种新的方法，即根据三维孔隙几何形状而不是周围的矿物结构来划分孔隙空间。

简　历

Fadi Henri Nader

电子邮件：fadi-henri. nader@ ifpen. fr

出生日期：1972 年 9 月 4 日

IFP Energies Nouvelles 地质专家

核心素养

- 16 年的油气勘探和生产相关研究经验
- 沉积学、碳酸盐岩成岩作用和储层表征专家
- 具备综合沉积学/地层学、构造地质学和地球化学的技能
- 在大学、石油公司任教，指导学生（理学硕士、哲学博士、博士后）
- 合著了 40 多篇同行评议的国际出版物
- 年轻地质学家、地球物理学家和油藏工程师的领军者、导师
- 自 2001 年起担任国际沉积学家协会（IAS）成员
- 自 2004 年 1 月起担任伦敦地质学会研究员
- 自 2005 年 1 月起成为 AAPG 的成员；众议院代表
- 自 2008 年 1 月起，法国兴业银行（Societe Geologique de France）成员
- 国际岩石圈计划第七项任务（沉积盆地）的联合负责人

获奖

2016 年 3 月 6 日获得 AAPG 中东"杰出服务奖"

资历

2015 年，皮埃尔和玛丽·居里大学（UPMC，巴黎第六大学）：获得指导博士论文资格（HDR）——多尺度成岩作用及对储层岩石非均质性的影响

2003 年，天主教鲁汶大学（KU Leuven，比利时）：地质学博士——Lebanon 山 Kesrouane 组（侏罗纪）岩石学和地球化学研究：白云石化和石油地质意义

2000 年，贝鲁特美国大学（黎巴嫩）：地质学理学硕士——黎巴嫩 Nahr Ibrahim 地区侏罗纪—白垩纪碳酸盐岩层序的岩石学和化学特征

1994 年，贝鲁特美国大学（黎巴嫩）：地质学理学学士

参 考 文 献

Abdel – Rahman, A. – F. M. and Nader, F. H. (2002). Characterization of the Lebanese carbonate stratigraphic sequence: a geochemical approach. The Geological Journal, 37, 69–91.

Adams, J. E., and Rhodes, M. L. (1960). Dolomitization by seepage reflux. AAPG Bulletin, 44, 1912–1920.

Ahr, W. (2008). Geology of Carbonate Reservoirs: The Identification, Description and Characterization of Hydrocarbon Reservoirs in Carbonate Rocks. John Wiley and Sons, Inc. New Jersey (USA). 227p.

Akbar, M., Petricola, M., Watfa, M., Badri, M. A., Charara, M., Boyd, A., Cassell, B., Nurmi, R., Delhomme, J. – P., Grace, M., Kenyon, B., and Roestenburg, J. W. (1995). Classic interpretation problems; evaluating carbonates. Oilfield Review, 7, 38–57.

Al Haddad, S. (2007). Petrographic and geochemical characterization of the Hasbayaasphalt and related host rocks (Senonian Chekka Formation), South Lebanon: MSc Thesis, American University of Beirut, Beirut, Lebanon, 121p.

Al Silwadi, M. S., Kirkham, A., Simmons, D. S., and Twombley, B. N. (1996). New Insights into Regional Correlation and Sedimentology, Arab Formation (Upper Jurassic), offshore Abu Dhabi. GeoArabia, 1 (1), 6–27.

Al-Kharusi, A. S., and Blunt, M. J. (2008). Multiphase flow predictions from carbonate pore space images using extracted network models. Water Resources Research, 44, W06S01.

Al-Suwaidi, A. S., and Aziz, S. K. (2002). Sequence stratigraphy of Oxfordian and Kimmeridgian shelf carbonate reservoirs, offshore Abu Dhabi. GeoArabia, 7 (1), 31–44.

Algive, L., Bekri, S., Nader, F. H., Lerat, O., and Vizika, O. (2012). Impact of diagenetic alterations on petro-physical and multiphase flow properties of carbonate rocks using a reactive pore network modelling approach. Oil & Gas Science and Technology (OGST), 67 (1), 147–160.

Algive, L., Békri, S., and Vizika, O. (2009). Reactive pore network modeling dedicated to the determination of the petrophysical property changes while injecting CO_2, SPE Paper 124305 presented at the SPE Annual Technical conference and Exhibition, New Orleans, Louisiana, USA, 4 – 7 October, 2009.

Alsharhan, A. S., and Magara, K. (1994). The Jurassic of the Arabian Gulf Basin: Facies, depositional setting and hydrocarbon habitat. Canadian Society of Petroleum Geologists, Memoir 17, 397–412.

Azer, S. R., and Peebles, R. G. (1998). Sequence Stratig-raphy of the Arab A to C Members and Hith Formation, Offshore Abu Dhabi. GeoArabia, 3 (2), 251–268.

Barbier, M., Hamon, Y., Doligez, B., Callot, J. –P., Floquet, M., and Daniel, J. –M. (2012). Stochastic joint simulation of facies and diagenesis: a case study on early diagenesis of the Madison Formation (Wyoming, USA). Oil & Gas Science and Technology, 67 (1), 123–146.

Bathurst, R. G. C. (1975). Carbonate Sediments and their Diagenesis. Elsevier Science Publ. Co., 660p.

Behar, F., Lorant, F., and Lewan, M. D. (2008). Role of NSO compounds during primary cracking of a Type II kerogen and a Type III lignite. Organic Geochemistry, 39, 1–22.

Bellos, G. S. (2008). Sedimentology and diagenesis of some Neocomian – Barremian rocks (Chouf Formation), Southern Lebanon: MSc Thesis, American University of Beirut, Beirut, Lebanon, 251p.

Bemer, E., Adelinet, Y., Hamon, Y., Dautriat, J., and Nauroy, J. –F. (2012). Petroacoustic Signature of Carbonate Rocks Microstructure. AAPG Hedberg Conference, Fundamental Controls on Flow in Carbonates, July 8-13, 2012, Saint-Cyr Sur Mer, Provence, France, Search and Discovery Article #120036 (2012).

Bethke, C. M. (1996). Geochemical reaction modeling. New York, Oxford University Press, 397p.

Bethke, C. M. (2002). The Xt2 model of transport in reacting geochemical systems. Hydrogeology program: Urbana, Illinois, University of Illinois, 89p.

Bonifacie, M., Calmels, D., and Eiler, J. (2013). Clumped isotope thermometry of marbles as an indicator of the closure temperatures of calcite and dolomite with respect to solid-state reordering of C-O bonds. Min-eralogical Magazine, 77 (5), 735.

Bonifacie, M., Calmels, D., Pisapia, C., Deschamps, P., Hamelin, B., Brigaud, B., Pagel, M., Katz, A., Gautheron, C., Saint Bezar, B., and Landrein, P. (2014). Une determination originale de la temperature et de l'age des cristaux de calcite dans des brèches et des datation U-Pb sur des cristaux de calcite. In: Proceedings of "Journée t hématique ASF. Diagenèse: avancées récentes et perspectives", Orsay, 4 July, 2014. Publication ASF, Paris, 75.

Bosworth, W., Huchon, P., and McClay, K. (2005). The red sea and Gulf of Aden basins. Journal of African Earth Sciences, 43, 334-378.

Bou Daher, S., Nader, F. H., Müller, C., and Littke, R. (submitted). Journal of Petroleum Geology, 37 (1), 5-24. Geochemical and petrographic characterization of Campanian-Lower Maastrichtian calcareous petroleum source rocks of Hasbayya, South Lebanon. Marine and Petroleum Geology, submitted.

Bou Daher, S., Nader, F. H., Strauss, H., and Littke, R. (2014). Depositional environment and source-rock characterization of organic-matter rich upper Santonian-upper Campanian carbonates, northern Lebanon. Journal of Petroleum Geology, 37 (1), 5-24.

Boudreau, B. P. (1997). Diagenetic models and their implementation. Springer-Verlag, Berlin, 482p.

Bourdet, J., Pironon, J., Levresse, G., and Tritlla, J. (2010). Petroleum accumulation and leakage in a deeply buried carbonate reservoir, Níspero field (Mexico). Marine and Petroleum Geology, 27, 126-142.

Bowman, S. A. (2011). Regional seismic interpretation of the hydrocarbon prospectivity of offshore Syria. GeoArabia, 16 (3), 95-124.

Breesch, L., Swennen, R., and Vincent, B. (2009). Fluid flow reconstruction in hanging and footwall carbonates: Compartmentalization by Cenozoic reverse faulting in the Northern Oman Mountains (UAE). Marine and Petroleum Geology, 26, 113-128.

Breesch, L., Swennen, R., Dewever, V., Roure, F., and Vincent, B. (2011). Diagenesis and fluid system evolution in the northern Oman Mountains, United Arab Emirates: Implications for petroleum exploration. GeoArabia, 16 (2), 111-148.

Caers, J., and Zhang, T. (2002). Multiple-point geostatistics: a quantitative vehicle for integrating geologic analogs into multiple reservoir models. Stanford University, Stanford Center for Reservoir Forecasting, Stanford CA 94305-2220, 24p.

Callot, J. P., Breesch, L., Guilhaumou, N., Roure, F., Swennen, R., and Vilasi, N. (2010). Paleo-fluids characterisation and fluid flow modelling along a regional transect in Northern United Arab Emirates (UAE). Arabian Journal of Geosciences, 3, 413-437.

Cantrell, D. L., Swart, P. K., and Hagerty, R. M. (2004). Genesis and characterization of dolomite, Arab-D Reservoir, Ghawar Field, Saudi Arabia. GeoArabia, 9 (2), 11-36.

Cantrell, D. L., Swart, P. K., Robertson, C. H., Kendal, C. G. and Westphal, H. (2001). Geology and production significance of dolomite, Arab-D resrvoir, Ghawar field, Saudi Arabia. GeoArabia, 6 (1),

45-59.

Caspard, E., Rudkiewicz, J. L., Eberli, G. P., Brosse, E., and Renard, M. (2004). Massive dolomitization of a Messinian reef in the Great Bahama Bank: a numerical modelling evaluation of Kohout geothermal convec-tion. Geofluids 4, 40-60.

Caumon, M. -C., Robert, P., Laverret, E., Tarantola, A., Randi, A., Pironon, J., Dubessy, J., and Girard, J. -P. (2014). Determination of methane content in $NaCl-H_2O$ fluid inclusions by Raman spectroscopy. Calibration and application to the external part of the central Alps (Switzerland). Chemical Geology, 378-379, 52-61.

Ceriani, A., Di Giulio, A., Goldstein, R. H., Rossi, C. (2002). Diagenesis associated with cooling during burial: an example from lower Cretaceous reservoir sandstones (Sirt Basin, Libya). AAPG Bulletin, 86 (9), 1573-1591.

Chaojun, Z., Chengzao, J., Benliang, L., Xiuyu, L., and Yunxiang, L. (2010). Ancient karsts and hydrocarbon accumulation in the middle and western parts of the North Tarim uplift, NW China. Pet. Explor. Dev., 37, 263-269.

Chauveau, B., Granjeon, D., and Huc, A. (2013). Depositional model of marine organic matter coupled with stratigraphic forward numerical model (Dionisos): Application to the Devonian Marcellus Formation. In: Proceedings of AAPG ICE, International Conference and Exhibition (8 - 11 September 2013, Colombia).

Choquette, P. W., and James, N. P. (1987). Diagenesis # 12. Diagenesis in Limestones-3. The deep burial environment. Geoscience Canada, 14, 3-35.

Choquette, P. W., and Pray, L. C. (1970). Geologic nomenclature and classification of porosity in sedi-mentary carbonates. AAPG Bulletin, 54, 207-250.

Chou, I. M., Song, Y. C., and Burruss, R. C. (2008). A new method for synthesizing fluid inclusions in fused silica capillaries containing organic and inorganic material. Geochimica Cosmochimica Acta, 72 (21), 5217-5231.

Cita, M. B., and Ryan, W. B. F. (1978). Messinian erosional surfaces in the Mediterranean. Marine Geology, 27, 193-366.

Claes, S. (2015). Pore classification and upscaling strategy in travertine reservoir rocks. PhD Thesis, KU Leuven, Belgium, 119p.

Consonni, A., Ronchi, P., Geloni, C., Battistelli, A., Grigo, D., Biagi, S., Gherardi, F., and Gianelli, G. (2010). Application of numerical modelling to a case of compaction-driven dolomitization: a Jurassic palaeohigh in the Po Plain, Italy. Sedimentology, 57, 209-231.

Davies, G. R., and Smith, L. B. (2006). Structurally controlled hydrothermal dolomite reservoir facies: an overview. AAPG Bulletin, 90 (11), 1641-1690.

de Andrade, V., Vidal, O., Lewin, E., O'Brien, P., and Agard, P. (2006). Quantification of electron microprobe compositional maps of rock thin sections: an optimized method and examples. Journal of Meta-morphic Geology, 24, 655-668.

de Boever, E., Varloteaux, C., Nader, F. H., Foubert, A., Bekri, S., Youssef, S., and Rosenberg, E. (2012). Quantification and prediction of the 3D pore network evolution in carbonate reservoir rocks. Oil & Gas Science and Technology (OGST), 67 (1), 161-178.

Dennis, K. J., Affek, H. P., Passey, B. H., Schrag, D. P., and Eiler, J. M. (2011). Defining an absolute reference frame for 'clumped' isotope studies of CO_2. Geochim-ica et Cosmochimica Acta, 75,

7117-7131.

Dercourt, J., Ricou, L. E., and Vrielynck, B. (1993). Atlas Tethys Paleoenvironmental Maps. Gauthier-Villars, Paris, 307p.

Deschamps, R., Kohler, E., Gasparrini, M., Durand, O., Euzen, T., and Nader, F. H. (2012). Impact of mineralogy and diagenesis on reservoir quality of the Lower Cretaceous Upper Mannville Formation (Alberta, Canada). Oil & Gas Science and Technology (OGST), 67 (1), 31-58.

Dewit, J. (2012). Genesis and reservoir properties of hydrothermal dolomites (HTD), Ramales platform (northern Spain). PhD Thesis, KU Leuven, Belgium, 183p. Dickson, J. A. D. (1966). Carbonate identification and genesis as revealed by staining. Journal of Sedimentary Petrology, 36, 491-505.

Doligez, B., Beucher, H., Geffroy, F., and Eschard, R. (1999). Integrated reservoir characterization: improvement in heterogeneous stochastic modeling by integration of additional external constraints. In: Reservoir Characterization Recent Advances, R. Schatzinger and J. Jordan eds., AAPG Memoir 71, 333-342.

Doligez, B., Beucher, H., Pontiggia, M., Ortenzi, A., and Mariani, A. (2009). Comparison of Methodologies and Geostatistical Approaches for Diagenesis Quantification, AAPG Convention, Denver, Colorado, 7-10 June.

Doligez, B., Hamon, Y., Barbier, M., Nader, F., Lerat, O., and Beucher, H. (2011). Advanced workflows for joint modelling of sedimentological facies and diagenetic properties. Impact on reservoir quality. SPE Annual Conference and Exhibition in Denver, Colorado, USA, 30 October-2 November 2011, SPE 146621.

Dolson, J. C., Boucher, P. J., Siok, J., and Heppard, P. D. (2005). Key challenges to realizing full potential in an emerging giant gas province: Nile Delta/Mediterranean offshore, deepwater, Egypt. In: Dore, A. G., Vining, B. A. (eds.), Petroleum Geology: North-West Europe and Global Perspectives-Proceedings of the 6th Petroleum Geology Conference. Petroleum Geology Conferences Ltd. Published by the Geological Society, London, 607-624.

Doummar, J. (2005). Sedimentology and diagenesis of the Albian rock sequence (Upper Hammana-Lower San-nine Formations), northern Lebanon. MSc. Thesis, American University of Beirut, Beirut, Lebanon, 199p.

Dreybrodt, W., Gabrovšek, F., and Romanov, D. (2005). Processes of speleogenesis: a modeling approach. Carsologica 4 (ZRC Publishing, Karst Research Institute-ZRC SAZU, Postojna-Ljubljana, Slovenia), 375p.

Durand, B., and Nicaise, G. (1980). Procedure of kerogen isolation. In: Durand, B. (Ed.), Kerogen, Insoluble Organic Matter from Sedimentary Rocks. Editions Technip, Paris, 13-34.

Ehrenberg, S. N. (2006). Porosity destruction in carbonate platforms. Journal of Petroleum Geology, 29, 41-52.

Ehrenberg, S. N., Nadeau, P. H., and Aqrawi, A. A. M. (2007). A comparison of Khuff and Arab reservoir potential throughout the Middle East. AAPG Bulletin, 91 (3), 275-286.

Eiler, J. M. (2007). "Clumped-isotope" geochemistry-The study of naturally-occurring, multiply-substituted isotopologues. Earth and Planetary Science Letters, 262, 309-327.

Emery, D., and Robinson, A. (1993). Inorganic Geochemistry: Applications to Petroleum Geology. Black-well Scientific Publications, Oxford, 250p.

Emery, X., and Gonzalez, K. (2007). Probabilistic modelling of lithological domains and its application to resource evaluation. Journal of the South African Institute of mining and metallurgy, 107 (12), 803-809.

Erickson, A. J. , and Von Herzen, R. P. (1978). Downhole temperature measurements, DSDP leg 42A, Initial Rep. Deep Sea Drill. Proj. , 42A, 857-871.

Esrafili-Dizaji, B. , and Rahimpour-Bonab, H. (2009). Effects of depositional and diagenetic characteristics on carbonate reservoir quality: a case study from the South Pars gas field in the Arabian Gulf. Petroleum Geoscience, 15, 325-344.

Esteban, M. , and Taberner, C. (2003). Secondary porosity development during late burial in carbonate reservoirs as a result mixing and/or cooling of brines (in Proceedings of Geofluids IV). Journal of Geochemical Exploration, 78-79, 355-359.

Falivene, O, Arbuès, P. , Gardiner, A. , Pickup, G. , Muñoz, J. A. , and Cabrera, L. (2006). Best practice stochastic facies modeling from a channel-fill turbidite sandstone along (the Quarry outcrop, Eocene Ainsa basin, northeast Spain). AAPG Bulletin, 90 (7), 1003-1029.

Ferket, H. , Guilhaumou, N. , Roure, F. , and Swennen, R. (2010). Insights from fluid inclusions, thermal and PVT modeling for paleo-burial and thermal reconstruction of the Cordoba petroleum system (NE Mexico). Marine and Petroleum Geology, 28 (4), 936-958.

Fitch, P. J. R. (210). Heterogeneity in the petrophysical properties of carbonate reservoirs. Ph. D. Thesis, University of Leicester (UK), 265p.

Fleming, C. A. (1969). The Mesozoic of New Zeland. Chapters in the history of the Circum Pacific Mobile Belt. Quarterly Journal of Geological Society of London, 125, 70-125.

Fleury, M. , Santerre, Y. , and Vincent, B. (2007). Carbonate rock typing from NMR relaxation measurements. Proceeding of the SPWLA annual Symposium, Austin, June 3-6, 2007.

Fontaine, L. , and Beucher, H. (2006). Simulation of the Muyumkum uranium roll front deposit by using truncated plurigaussian method. In : Proceedings of the 6th International Mining Geology Conference, "Rising the challenge", 21-23 August 2006, Darwin, Australia, 11p.

Fontana, S. , Nader, F. H. , Morad, S. , Ceriani, A. , Al-Aasm, I. S. , Daniel J. -M. , and Mengus, J. -M. (2014). Fluid-rock interactions associated with regional tectonics and basin evolution. Sedimentology, 61, 660-690.

Fontana, S. , Nader, F. H. , Morad, S. , Ceriani, A. , and Al-Aasm, I. S. (2010). Diagenesis of the Khuff Formation (Permian-Triassic), northern Uinted Arab Emirates. Arab J. Geosci. (Springer), 3, 351-368.

Foubert, A. , and Henriet, J. -P. (2009). Nature and significance of the recent carbonate mound record: The mound challenger code. Springer-Verlag, Berlin Heidelberg.

Freytet, P. , and Verrecchia, E. P. (2002) Lacustrine and palustrine carbonate petrography: an overview. J. Paleolimnol. , 27, 221-237.

Friedman, I. , and O' Neil, J. R. (1977). Compilation of stable isotopic fractionation factors of geochemical interest. In M. Fleischer (Ed.), Data of Geochemistry. United States Geological Survey Professional Paper, 440-KK, 6th edition, 12p.

Frisia, S. , Borsato, A. , Fairchild, I. J, and McDermott, F. (2000). Calcite fabrics, growth mechanisms, and environments of formation in speleothems from the Italian Alps and Southwestern Ireland. Journal of Sedimentary Research, 70, 1183-1196.

Galli, A. , Le Loc'h, G. , Geffroy, F. , and Eschard, R. (2006). An application of the truncated plurigaussian method for modeling geology. In Stochastic modeling and geostatistics: principles, methods and case studies. AAPG Computer Applications in Geology, 5 (2), 109-122.

Gardet, C., Bouquet, S., and Le Ravalec, M. (in press). Multiscale simulation of geological formations with multipoint statistics. Stoch. Environ. Res. Risk Assess., in press.

Gardosh, M., Druckman, Y., Buchbinder, B., and Calvo, R. (2008). The Oligo-Miocene deepwater system of the Levant basin. Geological Survey of Israel, 33, 1-73.

Gardosh, M., Druckman, Y., Buchbinder, B., and Rybakov, M. (2006). The Levant Basin Offshore Israel: Stratigraphy, Structure, Tectonic Evolution and Implications for Hydrocarbon Exploration. Geophysical Institute of Israel, 1-119.

Gasparrini, M., Bechstädt, T., and Boni, M. (2006). Massive hydrothermal dolomites in the southwestern Cantabrian Zone (Spain) and its relation to the late Variscan evolution. Marine and Petroleum Geology, 23 (5), 543-568.

George, R., Rogers, N., and Kelley, S. (1998). Earliest magmatism in Ethiopia: evidence for two mantle plumes in one flood basalts province. Geology, 26, 923-926.

Ghalayini, R., Daniel, J.-M., Homberg, C., Nader, F. H., and Comstock, J. E. (2014). Impact of Cenozoic strike-slip tectonics on the evolution of the northern Levant Basin (offshore Lebanon). Tectonics, 10. 1002/2014TC003574.

Ghosh, P., Adkins, J., Affek, H., Balta, B., Guo, W. F., Schauble, E. A., Schrag, D., and Eiler, J. M. (2006). $^{13}C-^{18}O$ bonds in carbonate minerals: a new kind of paleothermometer. Geochim. Cosmochim. Acta, 70 (6), 1439-1456.

Girard, J.-P., Ong, A., Caumon, M.-C., Laverret, E., and Pironon, J. (2014). Recent advances in coupling petroleum and aqueous fluid inclusions for diagenesis P-T reconstructions in hydrocarbon reservoirs. In: Proceedings of "Journée t hématique ASF. Diagenèse: avancées récentes et perspectives", Orsay, 4 July, 2014. Publication ASF, Paris, 75, 44-47.

Goldsmith, J. R., and Graf, D. L. (1958). Structural and compositional variations in some natural dolomites. Journal of Geology, 66, 678-693.

Granjeon, D. (1996). Modélisation stratigraphique déter-ministe-conception et applications d'un modèle diffusif 3D multilithologique, Géosciences Rennes. Université de Rennes 1, Rennes, France.

Granjeon, D., and Joseph, P. (1999). Concepts and applications of a 3-D multiple lithology, diffusive model in stratigraphic modeling. Numerical experiments in stratigraphy: recent advances in stratigraphic and sedimentologic computer simulations. SEPM Spec. Publ., 62, 197-210.

Gringarten, E., and Deutsch, C. V. (1999). Methodology for Variogram Interpretation and Modeling for Improved Reservoir Characterization. Society of Petroleum Engineers, SPE 56654.

Gringarten, E., and Deutsch, C. V. (2001). Teacher's Aide Variogram Interpretation and Modeling. Mathematical Geology, vol. 33, no. 4.

Halstenberg, D. B. (2014). Reconstruction of tectonic paleo-heat flow for the Levantine Basin (Eastern Mediterranean): Implications for basin and petroleum system modelling. MSc. Thesis, RWTH Aachen University, 85p.

Hamon Y., Deschamps R., Joseph P., Schmitz J., Doligez B., Lerat O., Dumont C. (2013). Integrated workflow for characterization and modelling of a mixed sedimentary system: The Alveolina Limestone Formation (Early Eocene, Graus-Tremp Basin, Pyrenees, Spain). In: 14ème congrès français de Sédimentologie (Ed. ASF), 437 p., Paris, France.

Hawie, N. (2014). Architecture, geodynamic evolution and sedimentary filling of the Levant Basin: a 3D quantitative approach based on seismic data. PhD Thesis, Université Pierre et Marie Curie (Paris VI), Paris, France, 271p.

Hawie, N., Deschamps, R., Granjeon, D., Nader, F. H., Gorini, C., Muller, C. Montadert, L., and Baudin, F. (in press). Multi-scale constraints of sediment source to sink systems in frontier basins: a forward stratigraphic modelling case study of the Levant Basin. Basin Research, accepted/in press.

Hawie, N., Gorini, C., Deschamps, R., Nader, F. H., Montadert, L., Granjeon, D. Baudin, F. (2013). Tectono-stratigraphic evolution of the northern Levant Basin (offshore Lebanon). Marine and Petroleum Geology, 48, 392-410.

Henrion, V., Caumon, G., and Cherpeau, N. (2010). ODSIM: an object-distance simulation method for conditioning complex natural structures. Math. Geosci., 42 (8), 911-924.

Hood, S. D., Nelson, C. S., and Kamp, P. J. J. (2004). Burial dolomitisation in a non-tropical carbonate petroleum reservoir: the Oligocene Tikorangi Formation, Taranaki Basin, New Zealand. Sedimentary Geology, 172, 117-138.

Hu, L. Y., and Ravalec-Dupin, M. L. (2004). Elements for an Intergrated Geostatistical Medeling of Heterogeneous Reservoirs. Oil & Gas Science and Technology (OGST), 59 (2), 141-155.

Humphrey, J. D. (1988). Late Pleistocene mixing zone dolomitization, southeastern Barabados, West Indies. Sedimentology, 35, 327-348.

Hutchison, C. S. (1971). Laboratory Handbook of Petrographic Techniques. Wiley-Interscience, New York, 527p.

Hutington, K. W., Budd, D. A., Wernicke, B. P., and Eiler, J. M. (2011). Use of clumped-isotope thermometry to constrain the crystallization temperature of diagenetic calcite. Journal of Sedimentary Research, 81, 656-669.

Illing, L. V. (1959). Deposition and diagenesis of some upper Paleozioc carbonate sediments in Western Canada. Proceedings, Fifth World Petroleum Congress, New York, Section 1, 23-52.

Immenhauser, A., Hillgärtner, H., and Van Bentum, E. (2005). Microbial-foraminiferal episodes in the Early Aptian of the southern Tethyan margin: ecological significance and possible relation to oceanic anoxic event 1a. Sedimentology, 52, 77-99.

Ivanov, M. V., Lein, A. Yu., and Kashparova, E. V. (1976). Oxidized compounds of sulfur in sediments of the PacificOcean; intensity of their formation and diagenetic changes. In: I. I. Volkov (Editor), The Biochemistry of Diagenesis of Ocean Sediments. Akademia Nauk, Moscow, 171-178 (in Russian).

Jodry, R. L. (1969). Growth and dolomitization of Silurian Reefs, St. Clair County, Michigan. AAPG Bulletin, 53, 957-981.

Jones, B., Robert, L. W., and Macneil, A. J. (2001). Powder X-ray diffraction analysis of homogeneous and heterogeneous sedimentary dolostones. Journal of Sedimentary Research, 71, 790-799.

Jones, G. D., and Xiao, Y. (2005). Dolomitization, anhydrite cementation, and porosity evolution in a reflux system: Insights from reactive transport models. AAPG Bulletin, 89 (5), 577-601.

Klimchouk, A. (2007). Hypogene Speleogenesis: Hydrogeological and morphogenetic perspective. National Cave and Karst Research Institute, Carlsbad, NM, USA, Special Paper N°1, 106p.

Knackstedt, M. A., Arns, C., Ghous, A., Sakellariou, A., Senden, T., Sheppard, A. P., Sok, R. M., Averdunk, H., Pinczewski, W. V., Padhy, G. S., and Ioannidis, M. A. (2006). 3D imaging and flow characterization of the pore space of carbonate core samples, Paper SCA2006-23 presented at the International Symposium of Core Analysts, Trondheim, Norway, 12-16 September.

Koehrer, B, Aigner, T. , and Pöppelreiter, M. (2011). Field-scale geometries of Upper Khuff reservoir geobodies in an outcrop analogue (Oman Mountains, Sultanate of Oman). Petroleum Geoscience, 17, 3-16.

Koehrer, B. , Zeller, M. , Aigner, T. , Poeppelreiter, M. , Milroy, P. , Forke, H. , and Al-Kindi, S. (2010). Facies and stratigraphic framework of a Khuff outcrop equivalent: Saiq and Mahil formations, Al Jabal al-Akhdar, Sultanate of Oman. GeoArabia, 15, 91-156.

Kurz, T. H. , Dewit, J. , Buckley, S. J. , Thurmonds, J. B. , Hunts, D. , and Swennen, R. (2012). Hyperspectral image analysis of different carbonate lithologies (limestone, karst and hydrothermal dolomites): the Pozalagua quarry case (Cantabria, North-west Spain). Sedimentology, 59, 623-645.

Labourdette, R. (2007). 3D sedimentary modelling: toward the integration of sedimentary heterogeneities in reservoir models. PhD Thesis, Université Montpellier 2, France.

Lai, J. , Wang, G. , Chai, Y. , and Ran, Y. (2015). Prediction of Diagenetic Facies using Well Logs: Evidences from Upper Triassic Yanchang Formation Chang 8 Sandstones in Jiyuan Region, Ordos Basin, China. Oil & Gas Science and Technology (OGST), DOI: 10. 2516/ogst/2014060.

Land, L. S. (1983). The application of stable isotopes to studies of the origin of dolomite and to problems of diagenesis of clastic sediments. In M. A. Arthur, T. F. Anderson, I. R. Kaplan, J. Veizer and L. S. Land (Eds.), Stable Isotopes in Sedimentary Geology. Society of Economic Paleontologists and Mineralogists Short Course Note 10, 4. 1-4. 22.

Lapponi, F. , Casini, G. , Sharp, I. , Blendinger, W. , Ferna′ndez, N. , Romaire, I. , and Hunt, D. (2011). From outcrop to 3D modelling: a case study of a dolomitized carbonate reservoir, Zagros Mountains, Iran. Petroleum Geoscience, 17 (3), 283-307.

Lavoie, D. , Jackson, S. , and Girard, I. (2011). Understanding hydrothermal dolostone through combined new stable isotope (dMg) analyses with conventional field, petrographic and isotopic data. AAPG International Conference and Exhibition, Milan, Italy, October 23-26, 2011-Search and Discovery Article #50521.

Le Ravalec, M. , Doligez, B. , and Lerat, O. (2014). Integrated reservoir characterization and modeling. IFPEN E-book, 2014, DOI: 10. 2516/ifpen/2014001 http: //books. ifpenergiesnouvelles. fr/ebooks/ integrated_ reservoir_ characterization_ and_ modeling/.

Le Ravalec, M. , Noetinger, B. , and Hu, L. Y. (2000). The FFT Moving Average (FFT-MA) Generator: An Efficient Numerical Method for Generating and Conditioning Gaussian Simulations. Math. Geology, 32 (6), 2000, DOI : 10. 1023/A: 1007542406333.

Lerat, O. , Nivlet, P. , Doligez, B. , Lucet, N. , Roggero, F. , Berthet, P. , Lefeuvre, F. , and Vittori, J. (2007). Construction of a Stochastic Geological Model Constrained by High-Resolution 3D Seismic Data-Application to the Girassol Field, Offshore Angola. Society of Petroleum Engineers, SPE 110422.

Li, W. , Chakraborty, S. , Beard, B. L. , Romanek, C. S. , and Johnson, C. M. (2012). Magnesium isotope fractionation during precipitation of inorganic calcite under laboratory conditions. Earth and Planetary Science Letters, 333-334, 304-316.

Liberati, M. (2010). Field-scale distribution of diagenetic phases in the Arab D and Arab C members (Late Jurassic, UAE): quantifying diagenetic processes and inferring their impacts on reservoir heterogeneities. MSc. , University of Pavia, Italy, 130p.

Longman, M. W. (1980). Carbonate diagenetic textures from nearsurface diagenetic environments. AAPG Bulletin, 64, 461-487.

Lucia, F. J. , (1999). Carbonate reservoir characterization. New York, Springer, 226p.

Lumsden, D. N. (1979). Discrepancy between Thin－Section and X－Ray Estimates of Dolomite in Limestone. Journal of Sedimentary Petrology, 49 (2), 429-436.

Lønøy, A. , 2006. Making sense of carbonate pore systems. AAPG Bulletin, 90 (9), 1381-1405.

López-Horgue, M. A. , Iriarte, E. , Schröder, S. , Fernán-dez-Mendiola, P. A. , Caline, B. , Corneyllie, H. , Frémont, J. , Sudrie, M. , and Zerti, S. (2010). Structurally controlled hydrothermal dolomites in Albian carbonates of the Asón valley, Basque Cantabrian Basin, Northern Spain. Marine and Petroleum Geology, 27, 1069-1092.

Macgregor, D. S. (2012). The development of the Nile drainage system: integration of onshore and offshore evidence. Petroleum Geoscience, 18, 417-431.

Machel, H. G. (2004). Concepts and models of dolomitization: a critical reappraisal. In: Braithwaite, C. J. R. , Rizzi, G. , and Darke, G. , eds. , The Geometry and Petrogenesis of Dolomite Hydrocarbon Reservoirs: London, Geological society of London. Special Publications 235, 7-63.

Machel, H. G. , Cavell, P. A. , and Patey, K. S. (1996). Isotopic evidence for carbonate cementation and recrystallization, and for tectonic expulsion of fluids into the Western Canada Sedimentary Basin. Geological Society of America Bulletin, 108, 1108-1119.

Machel, H. G. , Mason, R. A. , Mariano, A. N. , and Mucci, A. (1991). Causes and emission of luminescence in calcite and dolomite. In Barker, C. E. & Kopp, O. C. , eds. , Luminescence Microscopy and Spectroscopy: Qualitative and Quantitative Applications. SEPM, 9-25.

Mariethoz, G. , Renard, P. , Cornaton, F. , and Jaquet, O. (2009). Truncated Plurigaussian Simulations to Characterize Aquifer Heterogeneity. Groundwater, 47 (1), 13-24, DOI: 10.1111/j.1745-6584.2008.00489.x.

Marlow, L. , Kornpihl, K. , and Kendall, C. G. (2011). 2-D Basin modelling study of petroleum systems in the Levantine Basin, Eastern Mediterranean. GeoArabia, 16 (2), 17-42.

Matheron, G. , Beucher, H, Fouquet, C. , Galli, A. , Guerrilot, D. , and Ravenne, C. (1987). Conditional simulation of the geometry of fluvio-deltaic reservoirs. Paper SPE 16753 presented at the SPE Annual Technical Conference and Exhibition, 62, Dallas-TX, 123-130.

McKenzie, J. A. (1981). Holocene dolomitization of calcium carbonate sediments from the coastal sabkhas of Abu Dhabi, U. A. E. Journal of Geology, 89, 185-198.

Mees, F. , Swennen, R. , Van Geet, M. , and Jacobs, P. (2003). Applications of X-ray computed tomograhy in geosciences, in F Mees, R Swennen, M Van Geet, and P Jacobs eds. , Applications of X-ray Computed Tomography in the Geosciences: London, Geological Society of London, Special Publications, 215, 1-6.

Melim, L. A. , and Scholle, P. A. (2002). Dolomitization of the Capitan Formation forereef facies (Permian, west Texas and New Mexico): seepage reflux revisited. Sedimentology, 49, 1207-1227.

Milliman, J. D. , and Syvitski, J. P. M. (1992). Geomorphic/tectonic control of sediment discharge to the ocean: The importance of small mountainous rivers. Journal of Geology, 100, 525-544.

Minster, T. , Nathan, Y. , and Ravh, A. (1992). Carbon and sulfur relationships in marine Senonian organic-rich, iron-poor sediments from Israel-a case study. Chemical Geology, 97, 145-161.

Miser, D. E. , Swinnea, J. S. , and Steinfink, H. (1987). TEM Observations and X-Ray Crystal-Structure Refinement of a Twinned Dolomite with a Modulated Microstructure. Am. Mineral. , 72, 1-2, 188-193.

Moldovanyi, E. P. , and Walter, L. M. (1992). Regional trends in water chemistry, Smackover Formation, southwest Arkansas: Geochemical and physical controls. AAPG Bulletin, 76 (6), 864-894.

Moore, C. H. (2001). Carbonate Rservoirs: Porosity Evolution and Diagenesis in a Sequence Stratigraphic Framework. Developments in Sedimentology (Elsevier Science B. V., Amsterdam), 55, 444p.

Morad, D. (2012). Geostatistical Modeling of the Upper Jurassic Arab D Reservoir Heterogeneity, Offshore Abu Dhabi, United Arab Emirates. MSc. Thesis, Uppsala University, Sweden, 113p.

Morad, S., Al-Aasm, I. S., Nader, F. H., Ceriani, A., Gasparrini, M., and Mansurbeg, H. (2012). Impact of diagenesis on the spatial and temporal distribution of reservoir quality in the Jurassic Arab D and C members, offshore Abu Dhabi oilfield, United Arab Emirates. GeoArabia, 17 (3), 17-56.

Moradpour, M., Zamani, Z., and Moallemi, S. A. (2008). Controls on reservoir quality in the lower Triassic Kangan Formation, Southern Arabian Gulf. Journal of Petroleum Geology, 31, 367-386.

Nader, F. H. and Swennen, R. (2004a). Petroleum prospects of Lebanon: Some remarks from sedimentological and diagenetic studies of Jurassic carbonates. Journal of Marine and Petroleum Geology, 21 (4), 427-441.

Nader, F. H. and Swennen, R. (2004b). The hydrocarbon potential of Lebanon: new insights from regional correlations and studies of Jurassic dolomitization. Journal of Petroleum Geology, 27 (3), 253-275.

Nader, F. H., Abdel-Rahman, A. -F. M., and Haidar, A. T. (2006). Petrographic and chemical traits of Cenomanian carbonates from central Lebanon and implica-tions for their depositional environments. Cretaceous Research, 27, 689-706.

Nader, F. H., Swennen R. and Ellam, R. (2004). Stratabound dolomite versus volcanism-associated dolomite: an example from Jurassic platform carbonates in Lebanon. Sedimentology, 51 (2), 339-360.

Nader, F. H., Swennen, R. and Ottenburgs, R. (2003). Karst-Meteoric dedolomitization of Jurassic carbonates, Lebanon. Geologica Belgica, 6, 3-23.

Nader, F., Swennen, R, Ellam, R. (2006). Petrographic and geochemical study of the Jurassic dolostones from Lebanon: evidence for superimposed diagenetic events. Journal of Geochemical Exploration, 89, 288-292.

Nader, F. H. (2003). Petrographic and geochemical study of the Kesrouane Formation (Jurassic), Mount Lebanon: Implications on dolomitization and petroleum geology, Katholieke Universiteit Leuven, 386p.

Nader, F. H. (2011). The petroleum prospectivity of Lebanon: an overview. Journal of Petroleum Geology, 34 (2), 135-156.

Nader, F. H. (2014a). Insights into the Petroleum Prospectivity of Lebanon. In: Marlow, L., Kendall, C., and Yose, L. (eds): Petroleum systems of the Tethyan region. AAPG Memoir 106, 241-278.

Nader, F. H. (2014b). The Geology of Lebanon. Scientific Press, 108p.

Nader, F. H., De Boever, E., Gasparrini, M., Liberati, M., Dumont, C., Ceriani, A., Morad, S., Lerat, O., and Doligez, B. (2013). Quantification of diagenesis impact on reservoir properties of the Jurassic Arab D and C members (offshore, U. A. E.). Geofluids, 13, 204-220.

Nader, F. H., Lopez-Horgue, M. A., Shah, M. M., Dewit, J., Garcia, D., Swennen, R., Iriarte, E., Muchez, P., and Caline, B. (2012). The Ranero hydrothermal dolomites (Albian, Karrantza valley, northwest Spain): Implications on conceptual dolomite models. Oil & Gas Science and Technology (OGST), 67 (1), 9-29.

Nader, F. H., Swennen, R., and Ellam, R. (2007). Field geometry, petrography and geochemistry of a dolomitization front (Late Jurassic, central Lebanon). Sedimentology, 54, 1093-1110.

Nader, F. H., Swennen, R., and Keppens, E. (2008). Calcitization/dedolomitization of Jurassic dolostones (Lebanon): results from petrographic and sequential geochemical analyses. Sedimentology, 55, 1467-1485.

Naylor, D., Al-Rawi, M., Clayton, G., Fitzpatrick, M. J., and Green, P. F. (2013). Hydrocarbon potential in Jordan. Journal of Petroleum Geology, 36 (3), 205-236.

Netzeband, G. L., Gohl, K., Hubscher, C. P., Ben-Avraham, Z., Dehghani, G. A., Gajewski, D., and Liersch, P. (2006). The Levantine Basin crustal structure and origin. Tectonophysics, 418, 167-188.

Nordahl, K., and Ringrose, P. (2008). Identifying the representative elementary volume for permeability in heterolithic deposits using nuerical rock models. Mathematical Geosciences, 40, 753-771.

Normando, M. N., Remacre, A. Z., and Sancevero, S. S. (2005). The Study of Plurigaussian Simulation's Lithotype Rule in Reservoir Characterization Process. Paper SPE 94949-MS presented at the SPE Latin American and Caribbean Petroleum Engineering Conference, 20-23 June, Rio de Janeiro, Brazil.

Ong, A. (2013). Réservoirs silicoclastiques très enfouis: Caractérisation diagénétique et modélisation appliquées aux champs pétroliers du Viking Graben (Mer du Nord). PhD Thesis, Université de Lorraine, pp. 339.

Ong, A., Pironon, J., Carpentier, C., and Girard, J.-P. (2014). Impact of fluid overpressure on reservoir quality of the Tabert sandstones (Middle Jurassic) in the Greater Alwyn Area, Q3 area, Northern North Sea, UK. In: Proceedings of "Journée thématique ASF. Diagenèse: avancées récentes et perspectives", Orsay, 4 July, 2014. Publication ASF, Paris, 75, 81-85.

Ong, A., Pironon, J., Robert, P., Dubessy, J., Caumon, M.-C., Randi, A., Chailan, O., and Girard, J.-P. (2013). In situ decarboxylation of acetic and formic acids in aqueous inclusions as a possible way to produce excess CH_4. Geofluids, 13, 298-304.

Palandri, J. L., and Kharaka, Y. K. (2004). A compilation of rate parameters of water-mineral interaction kinetics for application to geochemical modeling. Open file report 2004-1068, 1-70. 2004. USGS.

Palmer, A. N. (2007). Cave Geology. Cave Books, Dayton, OH, USA, 454p.

Parker, A., and Sellwood, B. W. (1994). Quantitative Diagenesis: Resent developments and applications to reservoir geology. Kluwer Academic Press, Dordrecht, Netherland, 288p.

Paterson, R. J., Whitaker, F. F., Smart, P. L., Jones, G. D., Oldham, D. (2008). Controls on early diagenetic overprinting in icehouse carbonates: Insights from modeling hydrologicql zone residence times using CARB3D + . Journal of Sedimentary Research, 78, 258-281.

Pelgrain de Lestang, A., Cosentino, L., Cabrera, J., Jimenez, T., and Bellorin, O. (2002). Geologically Oriented Geostatistics: an Integrated Tool for Reservoir Studies. Paper SPE 74371 presented at the SPE International Petroleum Conference and Exhibition in Mexico held in Villahermosa, Mexico, 10-12 February.

Peyravi, M., Rahimpour-Bonab, H., Nader, F. H., and Kamali, M. R. (2014). Dolomitization and buriql history of lower Triassic carbonate reservoir-rocks in the Persian Gulf (Salman offshore field). Carbonates and Evaporites, DOI 10.1007/s13146-014-0197-2.

Pillot, D., Deville, E., and Prinzhofer, A. (2014). Identification and quantification of carbonate species using Rock-Eval pyrolysis. Oil & Gas Science and Technology (OGST), 69 (2), 341-349.

Pironon, J. (2004). Fluid inclusions in petroleum environments: analytical procedure for PTX reconstruction. Acta Petrologica Sinica, 20 (6), 1333-1342.

Pitzer, K. S. (1973). Thermodynamics of Electrolytes. I. Theoretical Basis and General Equations. Journal of Physical Chemistry, 12, 268-277.

Ponikarov, V. P. (1966). The Geology of Syria. In: Explanatory Notes on the Geological Map of Syria, Scale 1: 200 000. Ministry of Industry, Syrian Arab Republic.

Pontiggia, M., Ortenzi, A., and Ruvo, L. (2010). New integrated approach for diagenesis characterization and simulation. Paper SPE 127236 presented at the SPE North Africa Technical Conference and Exhibition, Cairo, Egypt, 14-17 February.

Powell, J. H, and Moh'd, B. K. (2011). Evolution of Late Cretaceous to Eocene alluvial and carbonate platform sequences in Jordan. GeoArabia, 17 (3), 29-82.

Rahimpour-Bonab, H. (2007). A procedure for appraisal of a hydrocarbon reservoir continuity and quantification of its heterogeneity. Journal of Petroleum Science and Engineering, 58, 1-12.

Rahimpour-Bonab, H., Esrafili-Dizaji, B., and Tavakoli, V. (2010). Dolomitization and anhydrite precipitation in Permo-Triassic carbonates at the South Pars gasfield, offshore Iran: controls on reservoir quality. Journal of Petroleum Geology, 33 (1), 43-66.

Rasolofosaon, P., and Zinszner, B. (2003). Petroacoustic Characterization of Reservoir Rocks For Seismic Monitoring Studies Laboratory Measurement of Hertz and Gassmann Parameters. Oil & Gas Science and Technology (OGST), 58 (6), 615-635.

Ravenne, C., Galli, A., Doligez, B., Beucher, H., and Eschard, R. (2000). Quantification of facies relationships via proportion curves. In: Armstrong, M., Bettini, C., Champigny, N., Galli, A. and Remacre, A., Editors. Proceedings of the Geostatistics Sessions of the 31st International Geological Congress. — Quantitative geology and geostatistics, Rio de Janeiro, Brazil, 6-17 August 2000, 12, Kluwer Academic, Dordrecht.

Reading, H. G., ed. (1996). Sedimentary environments: processes, facies and stratigraphy. Blackwell Science, 704p.

Reeder, R. J., and Wenk, H. R. (1983). Structure Refinements of Some Thermally Disordered Dolomites. Am. Mineral. 68, 7-8, 769-776.

Reeder, R. J., ed. (1990). Carbonates: Mineralogy and Chemistry. Mineralogical Society of America, Rev. Mineral., 11, 399p.

Rezaei, M., Sanz, E., Raeisi, E., Ayora, C., Vásquez-Suñé, E., Carrera, J. (2005). Reactive transport modeling of calcite dissolution in fresh-salt water mixing zone. Journal of Hydrology, 311, 282-298.

Riding, R. E., and Awramik, S. M. (2000). Microbial Sediments. Springer-Verlag Berlin Heidelberg. Rietveld, H. M. (1969). A Profile Refinement Method for Nuclear and Magnetic Structures. Journal of Applied Crystallography, 2, 65-71.

Roberts, G., and Peace, D. (2007). Hydrocarbon plays and prospectivity of the Levantine Basin, offshore Lebanon and Syria from modern seismic data. GeoArabia, 12 (3), 99-124.

Rohais, S., Bonnet, S., and Eschard, R. (2012). Sedimentary record of tectonic and climatic erosional perturbations in an experimental coupled catchment-fan system. Basin Research, 24, 198-212.

Ronchi, P., Jadoul, F., Ceriani, A., Di Giulio, A., Scotti, P., Ortenzi, A., and Fantoni, R. (2011). Multistage Dolomitization in an Early Jurassic Platform (Southern Alps, Italy): insights for the distribution of massive dolomitized bodies. Sedimentology, 58 (2), 532-565.

Rongier, G., Collon-Drouiallet, P., and Filipponi, M. (2014). Simulation of 3D karst conduits with an object-distance based method integrating geological knowledge. Geomorphology, 217, 152-164.

Rosen, M. R., Miser D. E., and Warren, J. K. (1988). Sedimentology, mineralogy and isotopic analysis of Pellet Lake, Coorong region, South Australia. Sedimentology, 35, 1, 105-122.

Rosenbaum, J., and Sheppard, S. M. (1986). An isotopic study of siderites, dolomites and ankerites at high temperatures. Geochimica Cosmochimica Acta, 50, 1147-1150.

Rosenberg, E., Lynch, J., Guéroult, P., Bisiaux, M., and Ferreira de Paiva, R. (1999). High resolution 3D reconstructions of rocks and composites. Oil & Gas Science and Technology, 54 (4), 497-511.

Roure, F., Swennen, R., Schneider, F., Faure, J. L., Ferket, H., Guilhaumou, N., Osadetz, K., Robian, P., and Vandeginste, V. (2005). Incidence and importance of tectonics and natural fluid migration on reservoir evolution in foreland fold-and-thrust belts. Oil and Gas Science and Technologie (OGST), 60 (1), 67-106.

Royse, C. F., Wadell, J. S., and Petersen, L. E. (1971). X-ray determination of calcite-dolomite: an evaluation. Journal of Sedimentary Petrology, 41, 483-488.

Rustad, J. R., Casey, W. H., Yin, Q. -Z., Bylaska, E. J., Felmy, A. R., Bogatko, S. A., Jackson, V. E., and Dixon, D. A. (2010). Isotopic fractionation of Mg^{2+} (aq), Ca^{2+} (aq), and Fe^{2+} (aq) with carbonate minerals. Geochimica Cosmochimica Acta, 74, 6301-6323.

Sagan, J. A., Hart, B. S. (2006). Three-dimensional seismic-based definition of fault-related porosity development: Trenton-Black River interval, Saybrook, Ohio. AAPG Bulletin, 90 (11), 1763-1785.

Santerre, Y., (2010). Influence of early diagenesis and sedimentary dynamics on petrophysical properties distribution in carbonate reservoirs. PhD Thesis, IFP and Marseille University. Schauble, E. A. (2011). First-principles estimates of equilibrium magnesium isotope fractionation in silicate, oxide, carbonate and hexaaquamagnesium (2+) crystals. Geochimica Cosmochimica Acta, 75, 844-869.

Schenk, H. J., Horsfield, B., Krooß, B., Schaefer, R. G., and Schwochau, K. (1997). Kinetics of petroleum formation and cracking. In: Petroleum and Basin Evolution, eds., D. H. Welte et al. Springer, Berlin, 535p.

Schmitz, J., Deschamps, R., Joseph, P., Lerat, O., Doligez, B., and Jardin, A. (2014). From 3D photogrammetric outcrop models to reservoir models: an integrated modelling workflow. Extended abstracts in proceedings of the Vertical Geology Conference 2014, 5-7 February 2014, University of Lausanne, Switzerland, 143-148.

Shah, M. M., Nader, F. H., Dewit, J., Swennen, R., and Garcia, D. (2010). Fault-related hydrothermal dolomites in Cretaceous carbonates (Cantabria, northern Spain): Results of petrographic, geochemical and petrophysical studies. Bull. Soc. geol. Fr., 181 (4), 391-407.

Shah, M. M., Nader, F. H., Garcia, D., Swennen, and Ellam, R. (2012). Hydrothermal dolomites in the Early Albian (Cretaceous) platform carbonates (NW Spain): Nature and origin of dolomites and dolomitising fluids. Oil & Gas Science and Technology (OGST), 67 (1), 97-122.

Sharland, P. R., Archer, R., Casey, D. M., Davies, R. B., Hall, S. H., Heward, A. P., Horbury, A. D., and Simmons, M. D. (2001). Arabian plate sequence stratigraphy. GeoArabia Special Publication, 2, 371p.

Simms, M. A. (1984). Dolomitization by groundwater-flow systems in carbonate platforms. Trans. Gulf Coast Assoc. Geol. Soc., 34, 411-420.

Steinberg, J., Gvirtzman, Z., Folkman, Y., and Garfunkel, Z. (2011). Origin and nature of the rapid late Tertiary filling of the Levant Basin. Geology, 39, 355-358.

Sun, S. Q. (1995). Dolomite reservoirs: porosity evolution and reservoir characteristics. AAPG Bulletin, 79, 186-204.

Swennen, R., Dewit, J., Fierens, E., Muchez, P., Shah, M. M., Nader, F. H., and Hunt, D. (2012). Multiple dolomitisation events along the Pozalagua Fault (Pozalagua Quarry, Basque-Cantabrian Basin, Northern Spain). Sedimentology, 59, 1345-1374.

Swennen, R., Ferket, H., Benchilla, L., Roure, F. and Ellam, R. M., SUBTRAP Team. (2003). Fluid flow and diagenesis in carbonate dominated foreland fold-and-thrust belts: petrographic inferences from field studies of late-diagenetic fabrics from Albania, Belgium, Canada, Mexico and Pakistan. Journal of Geochemical Exploration, 78-79, 481-485.

Sømme, T., Helland-Hansen, W., Martinsen, O. J., and Thurmond, J. B., (2009a). Relationships between morphological and sedimentological parameters in source-to-sink systems: a basis for predicting semiquantitative characteristics in subsurface systems. Basin Research, 21, 361-387.

Sømme, T., Martinsen, O. J., and Thurmond, J. B. (2009b). Reconstructing morphological and depositional characteristics in subsurface sedimentary systems: an example from the Maastrichtian-Danian Ormen Lange system, Møre Basin, Norwegian Sea. AAPG Bulletin, 93, 1347-1377.

Tahmasebi, P., Sahimi, M., Mariethoz, G., and Hezar-khani, A. (2012). Accelerating Geostatistical Simulations using Graphical Processing Units. Computers & Geosciences, 46, 51-59, doi: 10.1016/j.cageo. 2012. 03. 028

Talon, L., Bauer, D., Gland, N., Youssef, S., Auradou, H., and Ginzburg, I. (2012). Assessment of the two relaxation time Lattice-Boltzmann scheme to simulate Stokes flow in porous media. Water Resources Research, 48, W04526, doi: 10.1029/2011WR011385 Tucker, M. E. (1988). Techniques in Sedimentology. Blackwell Science Ltd, Oxford, 394p.

Turpin, M., Nader, F. H., and Kohler, E. (2012). Empirical calibration for dolomite stoichiometry calculation: Application on Triassic Muschelkalk-Lettenkohle carbonates (French Jura). Oil & Gas Science and Technology (OGST), 67 (1), 77-95.

Van der Land, C., Wood, R., Wu, K., van Dijke, M. I. J., Jiang, Z., Corbett, P. W. M., and Couples, G. (2013). Modelling the permeability evolution of carbonate rocks. Marine and Petroleum Geology, 48, 1-7.

Videtich, P. E. (1994). Dolomitization and H_2S generation in the Permian Khuff Formation, offshore Dubai, U. A. E. Carbonates and Evaporites, 9, 42-57.

Wachter, E., and Hayes, J. M. (1985). Exchange of oxygen isotopes in carbon-dioxide-phosphoric acid systems. Chemical Geology, 52, 365-374.

Ward, W. C., and Halley, R. B. (1985). Dolomitization in a mixing zone of near-seawater composition, Late Pleistocene, northeastern Yucutan Peninsula. Journal of Sedimentary Petrology, 55, 407-420.

Warren, J. (2000). Dolomite: occurrence, evolution and economically important associations. Earth-Sci. Rev., 52, 1-3, 1-81.

Whitaker, F. F., and Smart, P. L. (1990). Circulation of saline groundwaters through carbonate platforms: evidence from the Great Bahama Bank. Geology, 18, 200-204.

Whitaker, F. F., and Smart, P. L. (2007a). Geochemistry of meteoric diagenesis in carbonate islands of the northern Bahamas: 1. Evidence from field studies. Hydrological Processes, 21, 967-982.

Whitaker, F. F., and Smart, P. L. (2007b). Geochemistry of meteoric diagenesis in carbonate islands of the northern Bahamas: 2. Geochemical modelling and budgeting of diagenesis. Hydrological Processes, 21,

967-982.

Whitaker, F. F., Smart, P. L., and Jones, G. D. (2004). Dolomitization: from conceptual to numerical models. In: Braithwaite, C. J. R., Rizzi, G., and Darke, G., eds., The Geometry and Petrogenesis of Dolomite Hydro-carbon Reservoirs: London, Geological society of London. Special Publications 235, 99-139.

White, R. S., and McKenzie, D. (1989). Magmatism at rift zones: the generation of volcanic continental margins and flood basalts. Journal of Geophysical Research, 94, 7685-7729.

Wilson, J. L. (1975). Carbonate facies in geologic history. Springer-Verlag, Berlin, Heidelberg, 471p.

Wu, K., Ryazanov, A., van Dijke, M. I. J., Jiang, Z., Ma, J., Couples, G., and Sorbie, K. S. (2008). Validation of methods for multi-scale pore space reconstruction and their use in prediction of flow properties of carbonate. In: International Symposium of the Society of Core Analysts, Abu Dhabi.

Wygrala, B. P. (1989). Integrated study of an oil field in the southern Po Basin, Northern Italy. PhD thesis, University of Cologne, Germany.

Yarus, J. M., and Chambers, R. L. (2006). Practical Geostatistics-An Armchair Overview for Petroleum Reservoir Engineers. Society of Petroleum Engineers, SPE 103357.

Young, E. D., and Galy, A. (2004). The isotope geochemistry and cosmochemistry of magnesium. Reviews in Mineralogy & Geochemistry, 55, 197-230.

Youssef, S., Han, M., Bauer, D., Rosenberg, E., Bekri, S., Fleury, M., and Vizika, O. (2008). High resolution μ-CT combined to numerical models to assess electrical properties of bimodal carbonates, Paper SCA 2008-Temp Paper # A54 presented at the International Symposium of Core Analysts, Abu Dhabi, UAE, 29-30 October.

Youssef, S., Rosenberg, E., Gland, N., Skalinski, M., and Vizika, O. (2007). High resolution CT and pore-network models to assess petrophysical properties of homogeneous and heterogeneous carbonates, Paper SPE 111427 presented at the SPE/EAGE Reservoir Characterization and Simulation Conference, Abu Dhabi, U. A. E., 28-31 October.

Zeyen, H., Volker, F., Wehrle, V., Fuchs, K., Sobolev, S. V., and Altherr, R. (1997). Styles of continental rifting: crust-mantle detachment and mantle plumes. Tectonophysics, 278, 329-352.

Zilberman, E., and Calvo, R. (2013). Remnants of Miocene fluvial sediments in the Negev Desert, Israel, and the Jordanian Plateau: Evidence for an extensive subsiding basin in the northwestern margins of the Arabian plate. Journal of African Earth Sciences, 82, 33-53.

术　语　表

ArXim：矿物、水溶液和气体之间多相形态、平衡和反应计算的开源程序（EMSE 和 IFP-EN）。

Avizo™：探索和了解材料的结构和性能的三维分析软件，广泛应用于材料科学研究领域（FEI）。

CobraFlow™：使用地质统计算法进行地质模拟的软件（IFP-EN 和巴黎矿业学院地质统计中心）。

Coores™（CO_2 Reservoir Environmental Simulator）：是一串研究代码，用于研究从井到盆地尺度（IFP-EN）的 CO_2 储存过程。它模拟了多相非均质多孔介质中的多组分三相和三维流体流动。书中为了考虑矿物学变化，将输运模型与 ArXim 结合。

DionisosFlow™：面向扩散的正态模拟和逆向模拟沉积作用，一个具有确定性的三维多岩性地层建模软件，它模拟了在时间上向前推进的一系列沉积过程（IFP-EN）。

EasyTrace™：多学科的一维数据处理和编辑工具，具备高级的电子表格和大量的功能，为地质学家和地球物理学家（IFP-EN）而设计。

EOR：提高采收率。

Fraca™：能够表征、建模和校准断层和裂缝。在地震和地质属性的三维约束下，可以建立一致的裂缝网络。

GOCAD：地质对象计算机辅助设计，一个用于构建和更新三维地质参考模型的软件包（GOCAD 研究组、Georessources UMR 7359、Geologie-Universite de Lorraine）。

InterWell™：能够分析叠后、叠前和四维地震数据，能够计算在井上标定的多维地震子波，并能够建立符合井和地层数据的先验地震波阻抗立方体（IFP-EN）的软件。

JMicroVision：一个免费软件，用于描述、测量、量化和分类各种图像的组件，可以分析高清晰度岩石薄片图像（http：//www. jmicrovision. com）。

Matlab™：高级编程语言和交互式环境，能够进行高级数值计算、数据分析和可视化、编程、算法开发和应用（Mathworks）。

PHREEQ-C：一种计算机程序，用于执行各种水文地球化学计算。它实现了几种类型的水文模型，能够进行形态分析、饱和指数和输运计算（USGS）。

TemisFlow™：盆地建模软件包，用于评估区域控制的石油系统和盆地演化。它能计算流体的生成、迁移和聚集（IFP-EN）。